ディジタル信号処理の基礎

工学博士 島田 正治
博士（工学）安川 博
工学博士 伊藤 良生 共著
工学博士 田口 亮
博士（工学）張 熙
博士（工学）岩橋 政宏

コロナ社

まえがき

　電気工学，通信工学，情報工学でよく求められる問題は，自然界にあるシステム現象を表す未知の伝達関数をどのように決定したらよいのかということが一般的である。ここでのシステムとは，何らかの信号（刺激）が入力され，その入力信号に対応する応答（反応）が出力される系を意味している。このような問題は伝達関数推定問題として多くの事例とともに取り上げられている。この未知伝達関数が時不変であるものと，時間とともに変化する時変であるものとがあり，前者がフィルタ設計，後者が適応フィルタ設計という分野で占められている。本書では，時不変な伝達関数問題を対象としている。

　昭和40年代（1965年〜）当初，高能率が高品質で安価な伝送路を達成したいという欲望があり，その解決手段としてPCM（pulse code modulation）伝送技術があった。その後，音声信号をディジタル信号に変換する技術とともに，LSIや計算機の普及とともに結合したのが，ディジタル信号処理の芽生えである。

　本書は，連続系（連続時間）信号から離散値系（離散時間）信号への理解とディジタル信号処理基礎を勉強したい学生諸君に与えられた教科書であり，演習問題を自分で解答することにより，自然と力がつくように意図している。また，本書は大学の3年生の半期で終了することが可能なように1章から6章まで15回の講義演習で終了できるようになっている。

　1章：信号とシステム（3回）
　2章：線形時不変システム（2回）
　3章：連続時間の信号とシステムにおけるフーリエ解析（3回）
　4章：離散時間の信号とシステムにおけるフーリエ解析（3回）
　5章：ラプラス変換（1回）

6 章：z 変換（3 回）

7 章は時間があれば講義として，あるいは自己学習としてスキルを伸ばすために，ディジタル信号処理を実際に使うときに注意しなければならない A–D，D–A 変換法や，フィルタ設計の基礎知識を掲載した。

本書を始めるにあたって，知っていなければならない複素数，等比級数の復習として，付録に演習問題を提供した。付録の問題を解答してから 1 章から開始すると，理解が容易になる。

本書の内容は，連続系フーリエ変換と離散値系フーリエ変換の関係，s 変換と z 変換との関係，システム，伝達関数とインパルス応答の関係，FIR フィルタと IIR フィルタとの関係を，連続系と離散値系を繰り返し，章ごとに述べてあるので，前後の章で似通った問題もある。反復することにより，学習効果を上げるのが目的である。

2006 年 4 月

著　者

目　　　次

1. 信号とシステム

1.1 連続系信号と離散値系信号の定義 …………………………………… 1
1.2 偶信号と奇信号への分解 ………………………………………………… 2
1.3 周　期　信　号 …………………………………………………………… 3
　1.3.1 正弦波信号と複素指数信号との関係 …………………………… 3
　1.3.2 定　　　義 ………………………………………………………… 4
1.4 連続系の基本的な信号 …………………………………………………… 5
　1.4.1 連続系のステップ信号およびインパルス信号 ………………… 5
　1.4.2 $\delta(t)$ の図的理解 ……………………………………………………… 6
1.5 離散値系の基本的な信号 ………………………………………………… 8
1.6 シ　ス　テ　ム …………………………………………………………… 9
1.7 システムの諸性質 ………………………………………………………… 12
　1.7.1 線　形　性 ………………………………………………………… 12
　1.7.2 時　不　変　性 …………………………………………………… 13
　1.7.3 因　果　性 ………………………………………………………… 13
　1.7.4 記憶・無記憶システム …………………………………………… 13
　1.7.5 逆転可能性と逆システム ………………………………………… 13
演　習　問　題 ………………………………………………………………… 14

2. 線形時不変システム

2.1 インパルス信号を用いた信号表現 ……………………………………… 16
2.2 畳　込　み　和 …………………………………………………………… 17
2.3 畳込みの基本的な性質 …………………………………………………… 25

2.4 畳込みの線形時不変システムの性質 ································· 26
　2.4.1 因果性システム ··· 26
　2.4.2 逆転可能システム ··· 26
2.5 微分方程式と差分方程式 ·· 27
2.6 差分方程式で表される代表的なフィルタ構成 ························ 29
　2.6.1 FIR フィルタ ·· 29
　2.6.2 IIR フィルタ ·· 29
　2.6.3 一般的な IIR フィルタ ·· 30
演 習 問 題 ··· 32

3. 連続時間の信号とシステムにおけるフーリエ解析

3.1 複素指数関数に関する連続時間の LTI システムの応答 ················ 36
3.2 周期信号の表現：連続時間軸でのフーリエ級数 ······················ 37
3.3 フーリエ級数の係数決定法 ·· 40
　3.3.1 フーリエ級数展開 ··· 40
　3.3.2 ギブスの現象 ··· 43
3.4 フーリエ級数とフーリエ変換 ······································ 44
　3.4.1 フーリエ変換 ··· 44
　3.4.2 インパルス信号 $\delta(t)$ のフーリエ変換 ······················· 47
　3.4.3 方形波のフーリエ変換 ······································· 48
3.5 周期信号と連続時間のフーリエ変換 ································ 50
　3.5.1 フーリエ変換とフーリエ級数との違い ························· 51
　3.5.2 周期信号のフーリエ変換 ····································· 52
3.6 連続時間のフーリエ変換の諸性質 ·································· 53
演 習 問 題 ··· 56

4. 離散時間の信号とシステムにおけるフーリエ解析

4.1 信号の標本化によるスペクトルの変化（標本化定理） ················ 60
4.2 離散時間信号の解析（周期信号の場合） ···························· 65

4.3 離散時間信号の解析（非周期信号の場合）………………………… 67
4.4 離散フーリエ変換 ………………………………………………… 69
4.5 DFT の諸性質 ……………………………………………………… 70
4.6 高速フーリエ変換 ………………………………………………… 72
4.7 FFT による畳込みの計算 ………………………………………… 77
4.8 複素指数関数に対する離散時間 LTI システムの応答 ………… 77
4.9 線形定係数差分方程式で記述されるシステムの周波数応答 … 79
演 習 問 題 ……………………………………………………………… 81

5. ラプラス変換

5.1 ラプラス変換とフーリエ変換の関連 …………………………… 83
5.2 逆ラプラス変換 …………………………………………………… 88
5.3 ラプラス変換の諸性質 …………………………………………… 89
5.4 片側ラプラス変換 ………………………………………………… 90
5.5 片側ラプラス変換の部分積分公式 ……………………………… 91
演 習 問 題 ……………………………………………………………… 92

6. z 変 換

6.1 z 変換の定義 ……………………………………………………… 93
6.2 逆 z 変 換 ………………………………………………………… 99
6.3 z 変換の周波数応答 ……………………………………………… 103
6.4 z 変換の諸性質 …………………………………………………… 106
6.5 簡単な z 変換対 …………………………………………………… 107
6.6 LTI システム ……………………………………………………… 108
6.7 片 側 z 変 換 ……………………………………………………… 109
6.8 各変換のまとめ …………………………………………………… 110
演 習 問 題 ……………………………………………………………… 111

7. 応　　　　用

7.1　A-D・D-A 変換 ………………………………………………………… 113
7.2　最小位相関数を持つインパルス応答算出法 ………………………… 117
　7.2.1　インパルス応答と逆インパルス応答 ……………………………… 117
　7.2.2　最小位相特性を持ったインパルス応答 …………………………… 120
　7.2.3　同振幅特性を有する零点移動 ……………………………………… 125
7.3　ディジタルフィルタ …………………………………………………… 126
　7.3.1　インパルス応答による分類 ………………………………………… 126
　7.3.2　振幅特性による分類 ………………………………………………… 127
　7.3.3　位相特性による分類 ………………………………………………… 128
7.4　FIR フ ィ ル タ ………………………………………………………… 128
　7.4.1　直線位相フィルタ …………………………………………………… 129
　7.4.2　等リプル設計法 ……………………………………………………… 132
　7.4.3　最小位相フィルタ …………………………………………………… 135
7.5　IIR フ ィ ル タ ………………………………………………………… 137
　7.5.1　等リプル設計法 ……………………………………………………… 138
　7.5.2　オールパスフィルタ ………………………………………………… 142
演　習　問　題 ……………………………………………………………… 148

付　　　　録 ………………………………………………………………… 149

引用・参考文献 ……………………………………………………………… 153

演習問題解答 ………………………………………………………………… 155

索　　　　引 ………………………………………………………………… 164

1 信号とシステム

本章では，連続系信号と離散値系信号の定義と性質，また，入力信号に対する出力信号を規定するシステム関数，すなわち周波数領域での伝達関数の概念，時間領域でのインパルス応答の概念，記述法，諸性質について学ぶ。

1.1 連続系信号と離散値系信号の定義

図 1.1 に連続系信号の単純な波形例を，図 1.2 にそれに対応した離散値系信号の波形例を示す。連続系信号は時間に対して連続的な値を持つが，離散値系信号は一定時間間隔 T_s（一般に**サンプリング周期**という）ごとに振幅値を持つものである。連続系信号は，画像，音声，医療，伝送などに使われており，われわれの身近に存在する波形である。離散値系信号は，この連続系信号を一定時間間隔 T_s ごとにアナログ・ディジタル（A-D）変換によって，その離散値信号の振幅値を計算機で処理しやすいように 2 進符号に変換したもので，人間が作り出した波形である。本書では連続系信号を $x(t)$，連続系角周波数を ω，離散値系信号を $x(n)$，離散値系角周波数を Ω と表記する。ここで，時刻 t は連続で実数を表し，時刻 n は整数を表す。

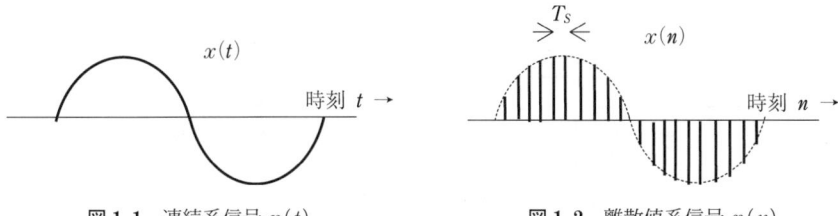

図 1.1 連続系信号 $x(t)$

図 1.2 離散値系信号 $x(n)$

1.2 偶信号と奇信号への分解

表 1.1 に示すように，**偶信号**とは，信号振幅が時刻 t，または時刻 n の正負で対称な値を持った偶関数の波形である。**奇信号**とは，信号振幅が時刻 t，または時刻 n の正負で点対称な値を持った奇関数の波形で，$x(0)=0$ であることが十分条件である。ここで，いかなる任意の信号でも偶信号と奇信号に分解できる。

表 1.1 偶信号と奇信号の性質

	連続関数	離散値関数
偶信号	$x(-t)=x(t)$	$x(-n)=x(n)$
奇信号	$x(-t)=-x(t)$ または $x(t)=-x(-t)$ $x(0)=0$	$x(-n)=-x(n)$ または $x(n)=-x(-n)$ $x(0)=0$

例えば，ユニットステップ信号 $u(t)$ は図 1.3 のように振幅値 0.5 の偶信号（直流成分）と ± 0.5 の振幅値を持った奇信号に分解できる。このような特殊な関数でも必ず偶信号と奇信号に分解できる。

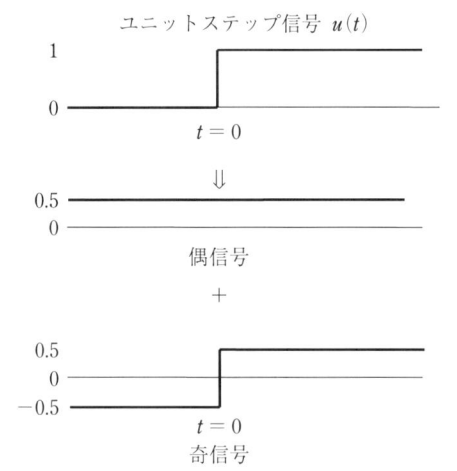

図 1.3 ユニットステップ信号を偶信号と奇信号に分解

偶信号（Even）では

$$Ev\{x(t)\} = \frac{x(t) + x(-t)}{2} \quad \text{または} \quad Ev\{x(n)\} = \frac{x(n) + x(-n)}{2}$$

奇信号（Odd）では

$$Od\{x(t)\} = \frac{x(t) - x(-t)}{2} \quad \text{または} \quad Od\{x(n)\} = \frac{x(n) - x(-n)}{2}$$

この考え方は3章のフーリエ級数で大切な基礎となる。なぜ，フーリエ級数はcos関数とsin関数で表せるのだろうか。次節で考えてみよう。

1.3 周期信号

1.3.1 正弦波信号と複素指数信号との関係

【1】 連続系信号　2章で述べるが，$x(t)$ が周期信号（基本周期：T_0）であるならば，どんな信号でも

$$x(t) = \sum_{k=0}^{\infty} c_k e^{r_k t} \cos(k\omega_0 t + \theta_k)$$

で表すことができる。ここで，r_k：実数，$\omega_0 = 2\pi/T_0$ である。

オイラーの公式 $\{e^{jk\omega_0 t} = \cos(k\omega_0 t) + j\sin(k\omega_0 t)\}$ より，上式の $\cos(k\omega_0 t)$ は $e^{jk\omega_0 t}$ と $e^{-jk\omega_0 t}$ に分解でき，さらにその係数を複素数で表し，k の範囲を拡張して $-\infty \leq k \leq \infty$ とすれば，以下のように表すことも可能である。

$$x(t) = \sum_{k=-\infty}^{\infty} c_k e^{r_k t} e^{jk\omega_0 t} = \sum_{k=-\infty}^{\infty} c_k e^{(r_k + jk\omega_0)t} = \sum_{k=-\infty}^{\infty} c_k e^{a_k t}$$

この要素を $c_k e^{a_k t}$（c_k，a_k はともに複素数）としたときに，c_k は極座標形式（$c_k = |c_k|e^{j\theta_k}$）で，a_k は直交座標形式（$a_k = r_k + jk\omega_0$）で表され，$c_k e^{a_k t} = |c_k|e^{j\theta_k}e^{(r_k + jk\omega_0)t} = |c_k|e^{r_k t}e^{j(k\omega_0 t + \theta_k)}$ となり，この形式を**複素指数関数**と呼ぶ。それぞれの波形は r_k の値によって**図1.4**に示すように表される。

【2】 離散値系信号　連続系信号と同様に，$x(t) = \sum_{k=-\infty}^{\infty} c_k e^{a_k t}$ を離散値系に変換するために，ω_0 を Ω_0，t を n で表記すると，$e^{a_k t}$ は $e^{a_k n} = (e^{a_k})^n = a_k^n$

4   1. 信号とシステム

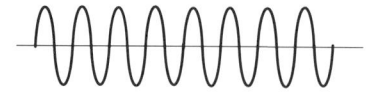

(a) $r_k = 0 : x(t)$ の正弦波信号

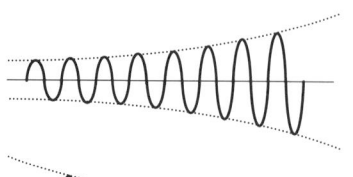

(b) $r_k > 0 : x(t)$ の増加正弦波信号

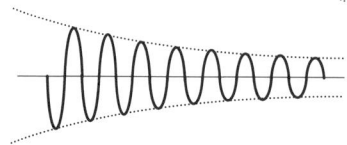

(c) $r_k < 0 : x(t)$ の減衰正弦波信号

図1.4 連続系信号における複素指数信号の概念信号波形

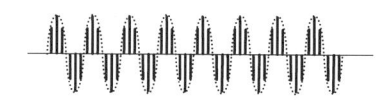

(a) $|\alpha_k| = 1$ のとき，$x(n)$ は正弦波信号

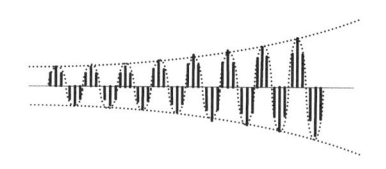

(b) $|\alpha_k| > 1$ のとき，$x(n)$ は増加指数関数を乗じた正弦波信号

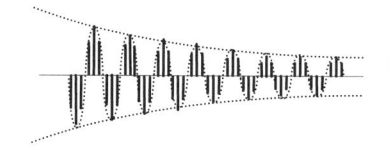

(c) $|\alpha_k| < 1$ のとき，$x(n)$ は減衰指数関数を乗じた正弦波信号

図1.5 離散値系信号における複素指数信号の概念信号波形

となり，$x(n) = \sum_{k=-\infty}^{\infty} c_k \alpha_k^n$ （c_k, α_k は複素数）となる。ここで，$\alpha_k = |\alpha_k| e^{jk\Omega_0}$，$c_k = |c_k| e^{j\theta_k}$ である。この波形の概念を図1.5に示す。

1.3.2 定　　　義

連続系信号 $x(t) = x(t+T_0)$ において，$x(t)$ は周期 T_0 で周期的であるという。いま，$x(t) = e^{j\omega t}$ を考える。もし，$e^{j\omega t} = e^{j\omega(t+T_0)}$ であるならば，周期

T_0 で周期的であるという。ここで，$e^{j\omega t}=e^{j\omega t}\,e^{j\omega T_0}$，すなわち $e^{j\omega T_0}=1=e^{j2k\pi}$ である。このとき，$\omega=k\omega_0$ とすると $k\omega_0=2\pi k/T_0$ で，特に $k=1$ のとき，基本波成分を表し，T_0 を基本周期（$T_0=2\pi/\omega_0$），ω_0 を**基本角周波数**という。

離散値系信号 $x(n)=x(n+N)$ において，$x(n)$ は周期 N で周期的であるという。いま，$x(n)=e^{j\Omega n}$ を考える。もし，$e^{j\Omega n}=e^{j\Omega(n+N)}$ であるならば，周期 N で周期的であるという。ここで，$e^{j\Omega n}=e^{j\Omega n}e^{j\Omega N}$，すなわち $e^{j\Omega N}=1=e^{j2k\pi}$ であり，このとき，$\Omega=\Omega_k$ とすると，$\Omega_k=2\pi k/N=k2\pi/N$ で，基本周波数は $k=1$ のときであり，$\Omega_1=2\pi/N$ である。N と k が公約数を持たないならば，$x(n)$ の基本周期は N となる。$k \ne 1$ のとき，$x(n)$ は高調波成分を表す。

離散値系信号 $x(n)=e^{j(\Omega+2\pi)n}=e^{j\Omega n}e^{j2n\pi}=e^{j\Omega n}$ となり，離散値系信号 $x(n)$ が連続系信号 $x(t)$ と異なることは，Ω も 2π の周期関数である。この詳細は 4 章で述べる。

1.4　連続系の基本的な信号

1.4.1　連続系のステップ信号およびインパルス信号

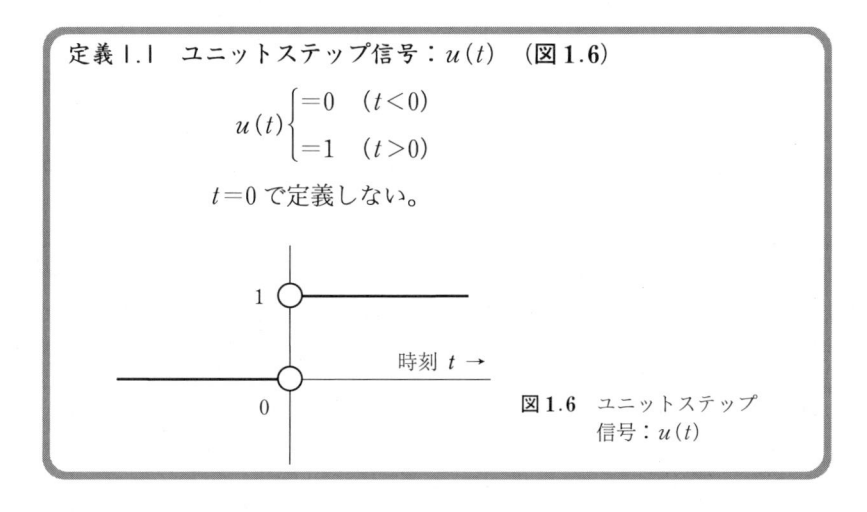

定義 1.1　ユニットステップ信号：$u(t)$　（図 1.6）

$$u(t)\begin{cases}=0 & (t<0)\\ =1 & (t>0)\end{cases}$$

$t=0$ で定義しない。

図 1.6　ユニットステップ信号：$u(t)$

6   1. 信号とシステム

> **定義 1.2　インパルス信号：$\delta(t)$**
>
> $$\delta(t)\begin{cases}=\infty & (t=0)\\ =0 & (t\neq 0)\end{cases}$$
>
> $$\int_{-\infty}^{\infty}\delta(t)\,dt=1$$

このインパルス信号 $\delta(t)$ は，数学分野で**デルタ関数**とも呼ばれている。$u(t)\equiv\int_{-\infty}^{t}\delta(\tau)\,d\tau$ として定義され，$\delta(t)$ と $u(t)$ の関係は $\delta(t)=du(t)/dt$ となる。したがって

$$\frac{du(t)}{dt}=\delta(t),\quad \int_{-\infty}^{+\infty}x(t)\delta(t-t_0)\,dt=x(t_0)$$

となる。では，$\delta(t)$ はどのような関数なのかを調べてみる。一般にこのような関数は**超越関数**と呼ばれている。

1.4.2　$\delta(t)$ の図的理解

　$u(t)$ を連続関数の極限と考えて，図 1.7 に示すような $u_\Delta(t)$ を定義する。ステップ信号は連続的な近似として，$u(t)=\lim_{\Delta\to 0}u_\Delta(t)$ として表される。ここで，$u_\Delta(t)$ の導関数を $\delta_\Delta(t)\equiv du_\Delta(t)/dt$ とする。図 1.7 に示すように，$\Delta\to 0$ につれて $\delta_\Delta(t)$ の幅は狭くなり，振幅は大きくなるが，面積（幅×振幅）は 1 となる。したがって，$\delta(t)=\lim_{\Delta\to 0}\delta_\Delta(t)$ であり，$\int_{-\infty}^{\infty}\delta(t)\,dt=1$ となる。

　すなわち，図 1.8 に示すように，連続関数のインパルス信号は，$t=0$ でそのとき幅 Δ は限りなく狭く，その振幅は無限大に近いが，その面積は 1 となる信号である。

　$\delta(t)$ の応用は今後も大切なので，もう少しその意味を考えてみよう。図 1.9 は $\delta(t)$ の振る舞いを示すもので，連続関数に $\delta_\Delta(t)$ を掛けた形式である。$x_1(t)=x(t)\delta_\Delta(t)$ は，$t<0$, $t>\Delta$ で $x_1(t)=0$, $t=0$ で $x_1(t)=x(0)\delta_\Delta(t)$，$t=\Delta$ で $x_1(t)=x(\Delta)\delta_\Delta(t)$ である。いま，Δ は十分小さいので $x_1(t)=x(0)\delta_\Delta(t)$ となる。したがって，以降は $x(t)\delta(t)=x(0)\delta(t)$ と同値であり，同様に $x(t)\delta(t-t_0)=x(t_0)\delta(t-t_0)$ となる。すなわち，$\delta(t)$ は時刻の

1.4 連続系の基本的な信号 7

図 1.7 $u_\Delta(t)$ の定義

図 1.8 $\delta_\Delta(t)$ の定義

図 1.9 $\delta(t)$ の数学的意味

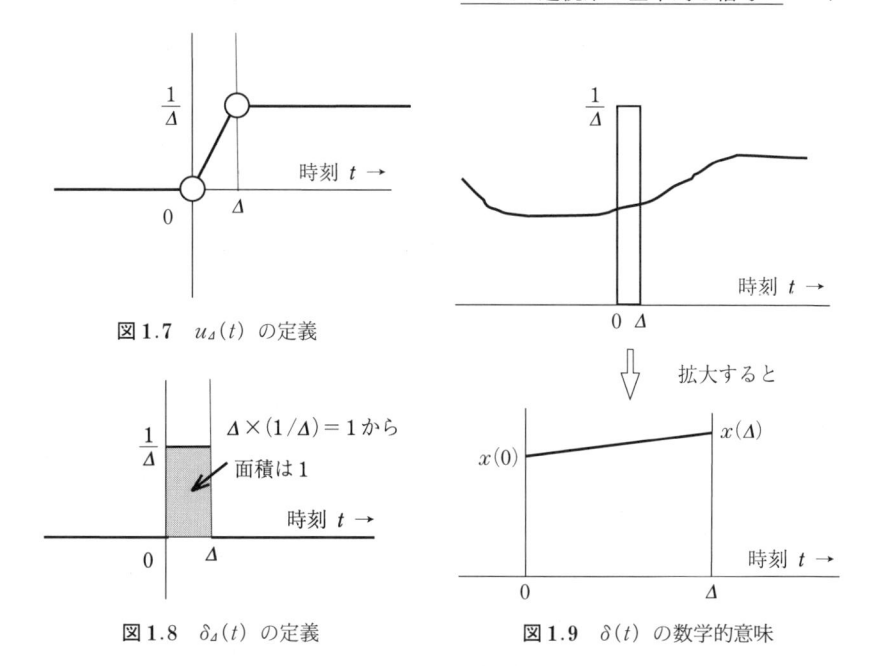

関数であり，その係数（関数や値）は振幅を意味するものと理解できる。

$u(t) = \int_{-\infty}^{t} \delta(\tau)\,d\tau$ の図的理解をしてみよう。この結果は定義 1.1 に書かれている内容を示すが，$\tau = t - \sigma$ と置き換えると，$d\tau = -d\sigma$ となり，積分範囲と被積分変数を代えると理解しやすい。連続関数では積分範囲が逆になるとマイナスが付くことに注意する。

$t < 0$ のとき

$u(t) = \int_{-\infty}^{t} \delta(t-\sigma)\,d\sigma = 0$
（積分範囲外であるから，その値は 0）

$t > 0$ のとき

$u(t) = \int_{-\infty}^{t} \delta(t-\sigma)\,d\sigma = 1$
（$\delta(t-\sigma)$ の面積は $\sigma = t$ に集中）

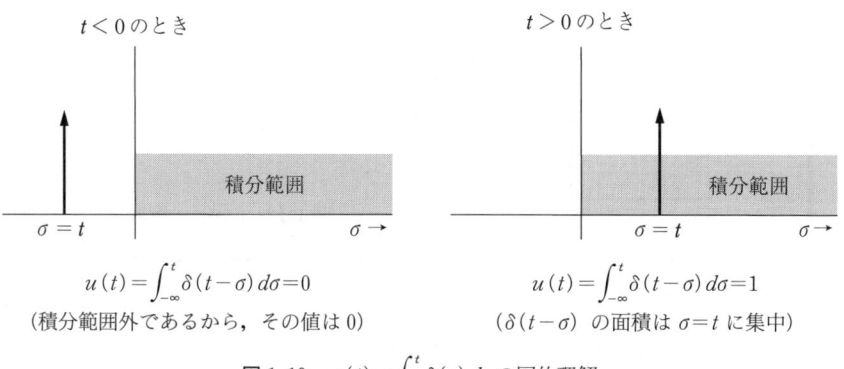

図 1.10 $u(t) = \int_{-\infty}^{t} \delta(\tau)\,d\tau$ の図的理解

8   1. 信号とシステム

$$u(t) = \int_{-\infty}^{t} \delta(\tau)\,d\tau = \int_{\infty}^{0} \delta(t-\sigma)\,(-d\sigma) = \int_{0}^{\infty} \delta(t-\sigma)\,d\sigma$$

図 1.10 から，定義 1.1 の意味と，$u(t)$，$\delta(t)$ の意味がわかるだろう。

1.5　離散値系の基本的な信号

離散値系のユニットステップ信号およびインパルス信号の定義は，連続系とほとんど同じである。

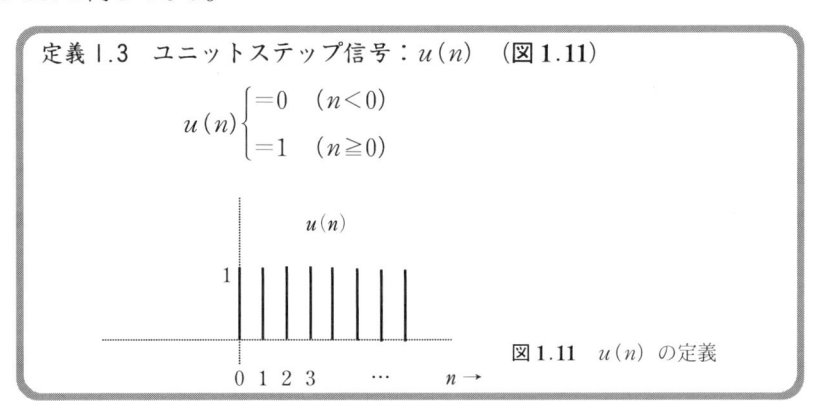

定義 1.3　ユニットステップ信号：$u(n)$　（図 1.11）

$$u(n)\begin{cases} =0 & (n<0) \\ =1 & (n\geq 0) \end{cases}$$

図 1.11　$u(n)$ の定義

連続関数と異なる点は，離散値関数は $n=0$ で振幅値 1 を持つことである。

定義 1.4　インパルス信号：$\delta(n)$　（図 1.12）

$$\delta(n)\begin{cases} =1 & (n=0) \\ =0 & (n\neq 0) \end{cases}$$

図 1.12　$\delta(n)$ の定義

連続関数と同様に

$$x(n)\delta(n) = x(0)\delta(n), \quad \delta(n) = u(n) - u(n-1)$$

が求まる。

1.6 システム

　本節で取り上げるシステムとは，入力信号と出力信号を関係づける関数のことで，ディジタル信号処理にとって重要な概念である。本書が取り扱うシステムとは，図 1.13 に示すように人間や自然が発する刺激信号（音，光，振動，香り，接触，味等）を何らかの方法で電気信号に変換し，その電気信号をある目的に従って演算処理し，この出力信号を元の刺激信号に変換する機能である。

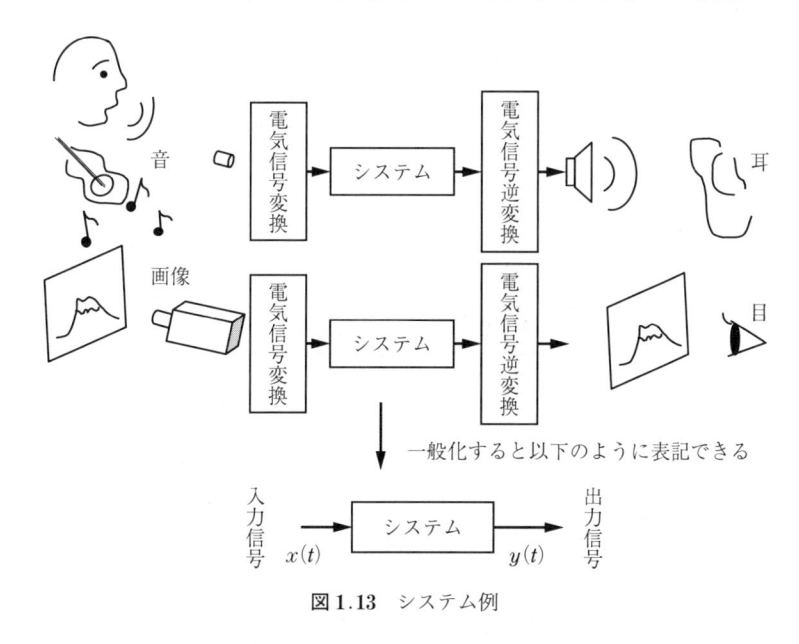

図 1.13　システム例

　このようにシステムには，必ず入力信号があって，何かの演算処理が行われて出力信号となる。通常，何かの演算処理が行われている機能をここではシステムというが，別名で**ブラックボックス**とも呼んでいる。
　ここで，入力信号 $x(t)$ や出力信号 $y(t)$ は，時刻の経過とともに振幅が変化するので時間の関数で表される。3 章で述べる連続系のフーリエ変換を用いて，この時間領域の信号を周波数領域に変換することで，その信号の性質を導

き出すことが容易になる。時間波形を見てもわからない信号が，周波数領域に変換することで少なくてもどのような周波数成分から構成されているのかがわかるだろう。

入力信号 $x(t)$，出力信号 $y(t)$ をフーリエ変換した周波数領域の信号をそれぞれ $X(\omega)$，$Y(\omega)$ とすると，$Y(\omega)/X(\omega)$ を**伝達関数**といい，この関数は $H(\omega)$ と記述されることが多い。

ここで，以下の言葉が頻繁に出てくるので，覚えておこう。

1） 出力応答　**インパルス応答**とは，入力信号 $x(t)$，$\{x(n)\}$ にインパルス信号 $\delta(t)$，$\{\delta(n)\}$ を入力したとき，出力信号 $y(t)$，$\{y(n)\}$ であり，記号として $h(t)$，$\{h(n)\}$ がそれぞれ用いられる。**ステップ応答**とは，入力信号 $x(t)$，$\{x(n)\}$ にユニットステップ信号 $u(t)$，$\{u(n)\}$ を入力したとき，一般的な記号として，出力信号 $y(t)$，$\{y(n)\}$ であり，記号として $s(t)$，$\{s(n)\}$ がそれぞれ用いられる。

表 1.2 に入力信号と出力信号の関係を示すシステム応答の種類を示す。

表 1.2　システム応答の種類

		$x(t) \to$ 連続系システム $\to y(t)$	$x(n) \to$ 離散値系システム $\to y(n)$
周波数領域	伝達関数 $H(\omega)$	入力信号 $x(t)$ のフーリエ変換 $X(\omega)$　出力信号 $y(t)$ のフーリエ変換 $Y(\omega)$　$H(\omega) = \dfrac{Y(\omega)}{X(\omega)}$	入力信号 $x(n)$ のフーリエ変換 $X(\Omega)$　出力信号 $y(n)$ のフーリエ変換 $Y(\Omega)$　$H(\Omega) = \dfrac{Y(\Omega)}{X(\Omega)}$
時間領域	インパルス応答	入力信号 $\delta(t) \to$ 出力信号 $h(t)$	入力信号 $\delta(n) \to$ 出力信号 $h(n)$
時間領域	ステップ応答	入力信号 $u(t) \to$ 出力信号 $s(t)$	入力信号 $u(n) \to$ 出力信号 $s(n)$

2） システムの表示方法　数式で表されたシステムの動作は演算記号を用いて表す方法が一般的で，回路理論と対応する。電子計算機の演算処理は加算器が基本となっているので，減算は引数の補数をとることにより，加算器を用いる。例として $y(n) = 3x(n) - x^2(n)$ を**図 1.14** の演算記号で表すと，**図 1.15** が得られる。

1.6 システム

$x_1(n) \longrightarrow \boxed{+} \longrightarrow x_1(n) \pm x_2(n)$ （上から $\pm x_2(n)$ 入力）

加算器（減算器）

$x_1(n) \longrightarrow \boxed{\times} \longrightarrow x_1(n) \times x_2(n)$ 　または　 $x_1(n) \xrightarrow{x_2(n)} x_1(n) \times x_2(n)$

乗算器（掛け算器）

$x(n) \longrightarrow \boxed{D} \longrightarrow x(n-1)$

単位遅延器

(1サンプル時間だけ遅らす遅延器)

図 1.14 演算記号の記述方法

ブロックダイヤグラム表現: $x(n)$ を「3倍する」と「2乗する」に分岐し、加算器で (3倍)$-$(2乗) を計算して $y(n)$ を得る。

↓ 演算記号化すると

演算記号による記述（乗算器を用いた形、および乗算器を省略した形）

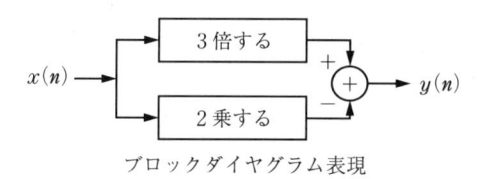

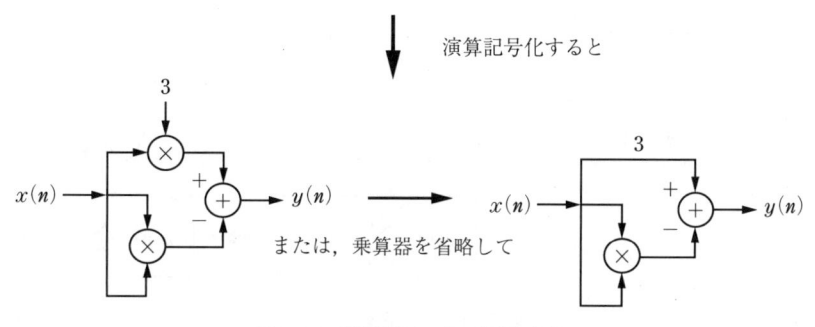

図 1.15 演算記号による記述方法

1.7 システムの諸性質

1.7.1 線形性

入力信号 $x_1(n)$ に対して出力信号 $y_1(n)$ が得られ，入力信号 $x_2(n)$ に対して出力信号 $y_2(n)$ が得られるときに

- 入力信号 $x_1(n)+x_2(n)$ に対する応答が，$y_1(n)+y_2(n)$ であることを**加法性**という。
- a を任意の定数として，入力信号 $ax_1(n)$ に対する応答が $ay_1(n)$ であることを**比例性**という。

この加法性と比例性を合わせた性質を**線形性**という。線形性の適用例を図 1.16 に示す。

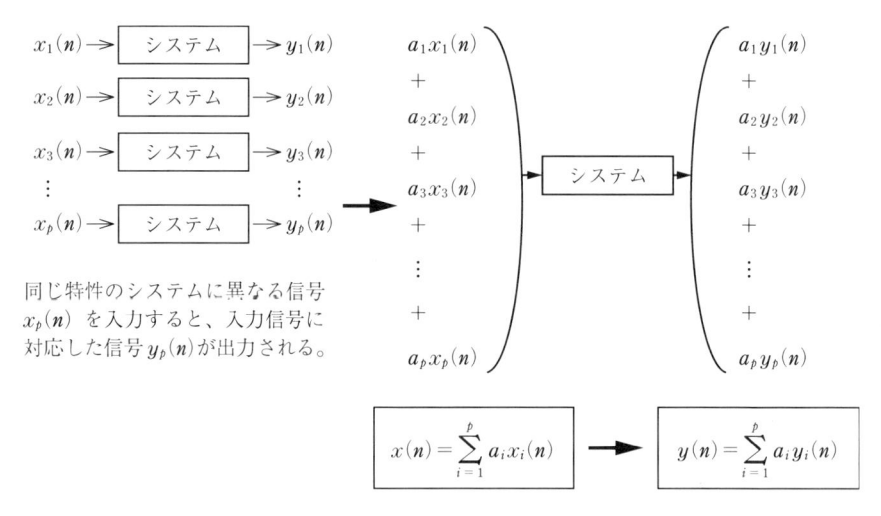

$$x(n) = \sum_{i=1}^{p} a_i x_i(n) \longrightarrow y(n) = \sum_{i=1}^{p} a_i y_i(n)$$

図 1.16 線形性の適用例

1.7.2 時不変性

入力信号の時間的なシフトが，そのまま出力信号のシフトを生じるシステムは**時不変**であるという。入力信号 $x(n)$ に対して出力信号が $y(n)$ であったとしよう。このときに，入力信号に $x(n-p)$ を与えたとき，出力信号が $y(n-p)$ となることを時不変という。

時不変にならない例として，例えば $y(n)=nx(n)$ がある。入力信号 $x(n-p)$ に対して，その出力信号は $y(n-p)=(n-p)x(n-p)=nx(n-p)-px(n-p)$ となり，$y(n-p)=nx(n-p)$ とはなりえないので，$y(n)=nx(n)$ は時変となる。

1.7.3 因果性

出力が入力の現在の値と過去の値のみに依存するシステムで，例として，$y(n)=\sum_{p=-\infty}^{n}x(p)$ がある。もし，入力信号 $x(p)$ の p が $n+1$ から ∞ で，その出力信号 $y(n)$ が現時刻であったら，世の中はどうなるだろうか。入力信号 $x(p)$ の現在の時刻より先，すなわち，将来の値がわかってしまうことである。このようなことは実在しない。現在の出力の値は，過去からの入力値と現在の入力値から決定される。これを**因果性**という。

1.7.4 記憶・無記憶システム

システムの出力信号は同時刻の入力信号のみによって定まる。このシステムを**無記憶システム**という。例としては，$y(n)=2x(n)$ がある。

一方，システムの出力信号が同時刻の入力信号と過去の入力信号や出力信号によって定まるシステムを，**記憶システム**という。例としては，$y(n)=x(n-1)$，$y(n)=\sum_{k=-\infty}^{n}x(k)$ がある。

1.7.5 逆転可能性と逆システム

逆転可能とは，入力信号と出力信号との間に一対一の対応が存在しているこ

とで，別な表現としては，出力信号を観測してから入力信号が一意に決定できることをいう。逆転不可能なシステムの具体的な一例としては，$y(n)=0$，$y(n)=x^2(n)$ がある。**逆システム**は逆転可能なシステムのことである。

通常，線形性と時不変性を有するシステムを **LTI**（linear time invariant）という。一般に，ディジタル信号処理分野では線形・時不変性を有するシステムを対象としている。

演 習 問 題

【1】この問題では偶信号と奇信号の性質を理解する。

(1) $x(n)$ が奇信号のとき，次式を証明せよ。
$$\sum_{n=-\infty}^{\infty} x(n) = 0$$

(2) $x_1(n)$ が奇信号，$x_2(n)$ が偶信号であるとき，$x_1(n)x_2(n)$ が奇信号であることを証明せよ。

(3) 任意の信号 $x(n)$ の偶成分と奇成分が $x_e(n)=Ev\{x(n)\}$，$x_o(n)=Od\{x(n)\}$ のとき，次式が成り立つことを示せ。
$$\sum_{n=-\infty}^{\infty} x^2(n) = \sum_{n=-\infty}^{\infty} x_e^2(n) + \sum_{n=-\infty}^{\infty} x_o^2(n)$$

【2】この問題では，基本周波数と高調波周波数を理解する。

(1) 下記の離散時間の周期信号 $x(n)$ を考えよう。
$$x(n) = e^{jk(2\pi/N)n}$$
この信号の基本周期 N_0 は $N_0 = N/(\gcd(k,N))$ で与えられることを示せ。ただし，$\gcd(k,N)$ は k と N の最大公約数（great common division）であり，k と N の両者を割り切れる最大の整数である。例えば，$\gcd(2,3)=1$，$\gcd(4,6)=2$，$\gcd(6,9)=3$，k と N が公約数を持たないならば，$N=N_0$ である。

(2) 高調波関係にある周期的な複素指数関数 $\phi_k(n) = e^{jk(2\pi/8)n}$ を考える。k の整数値に対するこれらの信号の基本周期と基本周波数を求めよ。

(3) 次式の $\phi_k(n)$ に対して（2）の問題と同様に繰り返してみよ。
$$\phi_k(n) = e^{jk(2\pi/7)n}$$

【3】通信では，入力信号 $x(t)$ と出力信号 $y(t)$ の時間関係で，$y(t)=\int_{-\infty}^{\infty} h(t-\tau)x(\tau)d\tau$ なるインパルス応答 $h(t)$ が存在し，この関係を畳込み積分という。この場合のシステムは線形であるか。また時不変であるか。

【4】多くの応用分野で2信号の相関が重要となる。信号 $x(t)$ と信号 $y(t)$ の相関関数 $\phi_{xy}(t)$ は次式で定義され，信号 $x(t)$ と信号 $y(t)$ の相互相関関数と呼ばれる。

$$\phi_{xy}(t) = \int_{-\infty}^{\infty} x(t+\tau) y(\tau) d\tau$$

関数 $\phi_{xx}(t)$ は信号 $x(t)$ の自己相関関数，$\phi_{yy}(t)$ は信号 $y(t)$ の自己相関関数と呼ばれる。

(1) $\phi_{xy}(t)$ と $\phi_{yx}(t)$ の関係を求めよ。

(2) $\phi_{xx}(t)$ の奇成分を求めよ。

(3) $y(t) = x(t+T)$ とする。$\phi_{xy}(t)$ と $\phi_{yy}(t)$ を $\phi_{xx}(t)$ で表せ。

(4) $h(t)$ はシステムに定められた信号，入力信号が $x(t)$ のとき，出力信号に $\phi_{hx}(t)$ を生じるシステムがすでに設計されているとする。このシステムは線形であるか。時不変であるか。因果性を有するか。理由も答えよ。

(5) (4) で $\phi_{hx}(t)$ の代わりに，$\phi_{xh}(t)$ を出力するとしたとき，(4) との違いは何か。

2 線形時不変システム

本章では，ディジタル信号処理の基本となっている線形時不変（LTI）システムについて離散値系入力信号と出力信号の関連する畳込み演算について解説すると同時に，演算の仕方について学ぶ。さらにシステムの性質，および差分方程式で表される代表的なフィルタ構成を理解する。

2.1 インパルス信号を用いた信号表現

インパルス信号 $\delta(n)$ は1章で述べたように

$$\delta(n)\begin{cases} =1 & (n=0) \\ =0 & (n\neq 0) \end{cases} \tag{2.1}$$

であり，この定義から

$n=-1$ で $x(-1)\delta(n+1)=x(-1)$

$n=0$ で $x(0)\delta(n)=x(0)$

$n=1$ で $x(1)\delta(n-1)=x(1)$

$\vdots$

となり，これを続けていくと，任意の信号 $x(n)$ の表現は，すべての和となり

$$\begin{aligned}x(n)=&\cdots+x(-2)\delta(n+2)+x(-1)\delta(n+1)\\&+x(0)\delta(n)+x(1)\delta(n-1)+x(2)\delta(n-2)+\cdots\\=&\sum_{p=-\infty}^{\infty}x(p)\delta(n-p)\end{aligned} \tag{2.2}$$

で表される。図2.1に示すように，上式の右辺の $x(\ )$ は信号の振幅値を，$\delta(\ )$ は信号の時刻を表していると考えるとよい。

図2.1のグラフ部分:

$x(p)\delta(n-p)$
$x(n)$

$n=p$ の時刻で $x(p)$ の振幅値が表現される

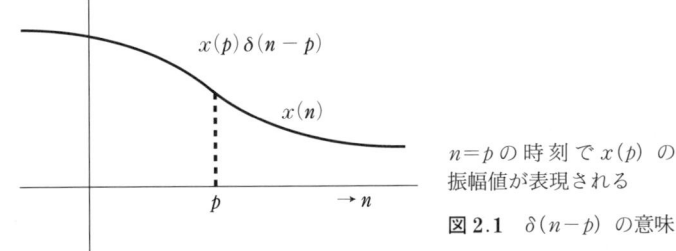

図2.1 $\delta(n-p)$ の意味

2.2 畳 込 み 和

図2.2に示すように入力信号 $x(n)$，出力信号 $y(n)$ がシステムに与えられたとしよう。システムにインパルス信号 $\delta(n)$ が入力されたとき，すなわち $x(n)=\delta(n)$，出力信号 $y(n)$ はインパルス応答 $h(n)$ となる。

$$h(n) = h(0)\delta(n) + h(1)\delta(n-1) + h(2)\delta(n-2) + h(3)\delta(n-3)$$
$$+ h(4)\delta(n-4)$$
$$= \sum_{p=0}^{4} h(p)\delta(n-p) \tag{2.3}$$

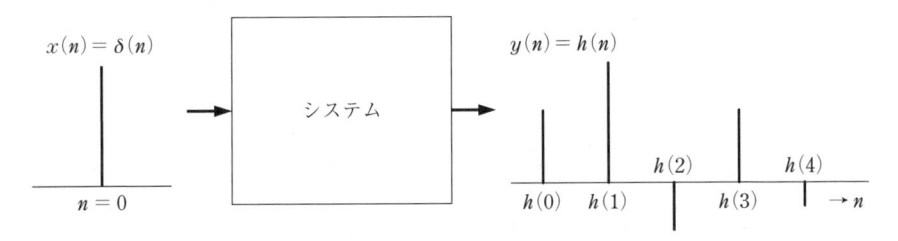

図2.2 インパルス応答 $h(n)$

いま，入力信号 $x(n)$ を図2.3のように表すと，式の表現は

$$x(n) = x(0)\delta(n) + x(1)\delta(n-1) + x(2)\delta(n-2) + x(3)\delta(n-3)$$
$$= \sum_{p=0}^{3} x(p)\delta(n-p) \tag{2.4}$$

となる。図2.2のシステムの出力に関して図2.3から考えてみよう。

18   2. 線形時不変システム

入力信号
$x(n) = x(0)\delta(n) + x(1)\delta(n-1) + x(2)\delta(n-2) + x(3)\delta(n-3)$

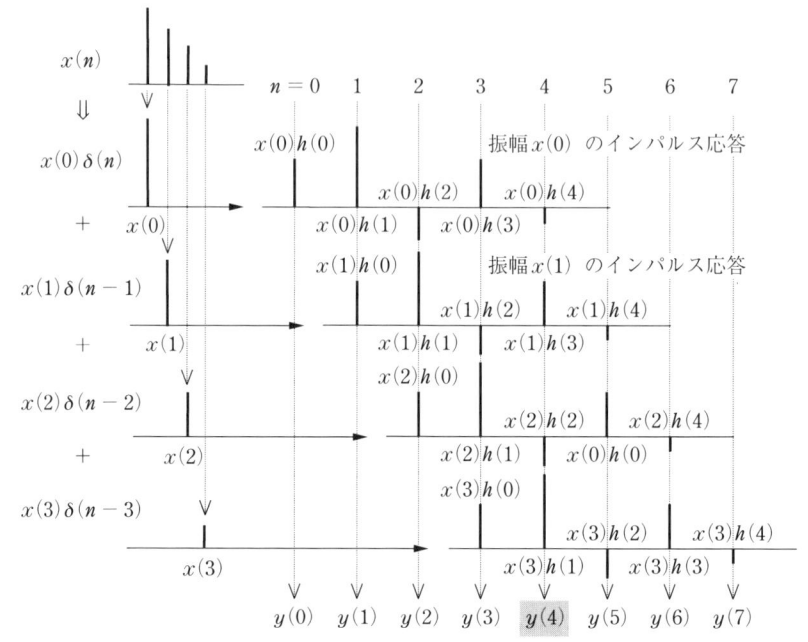

[図：畳込み演算の説明図。$x(n)$ を各インパルス成分 $x(0)\delta(n)$, $x(1)\delta(n-1)$, $x(2)\delta(n-2)$, $x(3)\delta(n-3)$ に分解し、それぞれのインパルス応答を重ね合わせて出力信号 $y(0), y(1), \ldots, y(7)$ を得る様子を示す。]

入力信号 $y(n)$
$= y(0)\delta(n) + y(1)\delta(n-1) + y(2)\delta(n-2) + y(3)\delta(n-3) + y(4)\delta(n-4)$
$\quad + y(5)\delta(n-5) + y(6)\delta(n-6) + y(7)\delta(n-7)$

入力信号 $x(n)$ を振幅の異なる各インパルスに分解し，それぞれのインパルス信号 $\delta(n)$ がインパルス応答 $h(n)$ となり，そのインパルス応答が 1 サンプルずつずれていると考える。

図 2.3　畳込み演算の原理

$x(0)\delta(n)$ のインパルス応答は以下のように表すことができる。

$x(0)h(0)\delta(n) + x(0)h(1)\delta(n-1) + x(0)h(2)\delta(n-2)$
$\quad + x(0)h(3)\delta(n-3) + x(0)h(4)\delta(n-4)$

同様に $x(1)\delta(n-1)$ のインパルス応答は以下のように表すことができる。

$x(1)h(0)\delta(n-1) + x(1)h(1)\delta(n-2) + x(1)h(2)\delta(n-3)$
$\quad + x(1)h(3)\delta(n-4) + x(1)h(4)\delta(n-5)$

以下同様に 1 サンプルずつずれた出力信号が得られる。

各時刻 n での縦の総和がその時刻に対する出力信号であるから，$n=4$ のときの出力信号 y(4) は

$$y(4) = x(0)h(4) + x(1)h(3) + x(2)h(2) + x(3)h(1) + x(4)h(0)$$
$$= \sum_{p=0}^{4} x(p)h(4-p) \tag{2.5}$$

となり，さらに，$y(0), y(1), y(2), y(3), \cdots, y(n)$ と考えて，一般化すると，任意の入力信号 $x(n)$ に対するシステムの応答 $y(n)$ は $y(n) = \sum_{p=-\infty}^{\infty} x(p) h(n-p)$，または $n-p=q$ とおくと

$$y(n) = \sum_{q=-\infty}^{\infty} x(n-q) h(q) \tag{2.6}$$

となる。これら2式を**畳込み和**もしくは**畳込み演算**（convolution：重ね合わせ）といい，畳込み演算を次式で表す。

$$y(n) = x(n) * h(n) \tag{2.7}$$

図2.3のすべての畳込み演算を**ベクトル表現**で表すと，以下のようになる。

$$\begin{pmatrix} y(0) \\ y(1) \\ y(2) \\ \cdot \\ y(n-1) \\ y(n) \end{pmatrix} = \begin{pmatrix} h(0) & 0 & \cdot & \cdot & \cdot & 0 \\ h(1) & h(0) & 0 & \cdot & \cdot & \cdot \\ h(2) & h(1) & h(0) & 0 & \cdot & \cdot \\ \cdot & \cdot & h(1) & h(0) & 0 & \cdot \\ h(n-1) & \cdot & \cdot & h(1) & h(0) & 0 \\ h(n) & h(n-1) & \cdot & \cdot & h(1) & h(0) \end{pmatrix} \begin{pmatrix} x(0) \\ x(1) \\ x(2) \\ \cdot \\ \cdot \\ x(n) \end{pmatrix} \tag{2.8}$$

ここで

$$Y = \begin{pmatrix} y(0) \\ y(1) \\ y(2) \\ \cdot \\ y(n-1) \\ y(n) \end{pmatrix}, \quad H = \begin{pmatrix} h(0) & 0 & \cdot & \cdot & \cdot & 0 \\ h(1) & h(0) & 0 & \cdot & \cdot & \cdot \\ h(2) & h(1) & h(0) & 0 & \cdot & \cdot \\ \cdot & \cdot & h(1) & h(0) & 0 & \cdot \\ h(n-1) & \cdot & \cdot & h(1) & h(0) & 0 \\ h(n) & h(n-1) & \cdot & \cdot & h(1) & h(0) \end{pmatrix}, \quad X = \begin{pmatrix} x(0) \\ x(1) \\ x(2) \\ \cdot \\ \cdot \\ x(n) \end{pmatrix}$$

とおけば，すなわち

$$Y = HX \tag{2.9}$$

と表され，Y，X はベクトル，H は行列である。

例題2.1

入力信号 $x(n)$ が $x(n)=u(n)$，インパルス応答 $h(n)$ が $h(n)=a^n u(n)$ $\{0<a<1\}$ で与えられたときの出力信号 $y(n)$ を求めなさい。

解答 畳込み演算から

$$h(p)x(n-p) = a^p u(p) u(n-p) \begin{cases} = a^p & (p \geq 0,\ n-p \geq 0 \to 0 \leq p \leq n) \\ = 0 & (それ以外で) \end{cases}$$

となり，したがって

$$y(n) = \sum_{p=-\infty}^{\infty} h(p)x(n-p) = \sum_{p=0}^{n} a^p = \frac{1-a^{n+1}}{1-a} \quad (n \geq p \geq 0 \text{ より } n \geq 0 \to u(n))$$

$$\therefore \quad y(n) = \frac{1-a^{n+1}}{1-a} u(n) \tag{2.10}$$

数学を用いれば簡単に求めることができる。しかしその考え方はどうであろうか。図2.3の手法で解いてみよう。**図2.4**にその解法を示す。明らかに，式(2.10)と同じであることがわかる。

例題2.2

入力信号が $0 \leq n \leq 3$ で $x(n)=1$，それ以外で $x(n)=0$，インパルス応答が $0 \leq n \leq 5$ で $h(n)=a^n$，それ以外で $h(n)=0$ のとき，出力信号 $y(n)$ を求めなさい。ただし，$a>1$ とする。

解答 図2.5に題意より与えられた入力信号 $x(n)$ とインパルス応答 $h(n)$ を示す。出力信号

$$y(n) = \sum_{p=0}^{8} x(p) h(n-p)$$

であるから，入力信号 $x(n)$ の n の範囲から，$0 \leq p \leq 3$，また，インパルス応答 $h(n)$ の n の範囲から $0 \leq n-p \leq 5$，したがって，$n-5 \leq p \leq n$ となる。

この関係を図2.6に示し，n の範囲に沿って求める。

2.2 畳込み和

[図: 入力信号とインパルス応答の分解・畳込みの図式]

出力信号 $y(n)$
$= \delta(n) + (1+\alpha)\delta(n-1) + (1+\alpha+\alpha^2)\delta(n-2) + (1+\alpha+\alpha^2+\alpha^3)\delta(n-3)$
$\quad + (1+\alpha+\alpha^2+\alpha^3+\alpha^4)\delta(n-4) + (1+\alpha+\alpha^2+\alpha^3+\alpha^4+\alpha^5)\delta(n-5) + \cdots$
$= \delta(n) + \dfrac{1-\alpha^2}{1-\alpha}\delta(n-1) + \dfrac{1-\alpha^3}{1-\alpha}\delta(n-2) + \dfrac{1-\alpha^4}{1-\alpha}\delta(n-3)$
$\quad + \dfrac{1-\alpha^5}{1-\alpha}\delta(n-4) + \dfrac{1-\alpha^6}{1-\alpha}\delta(n-5) + \cdots$

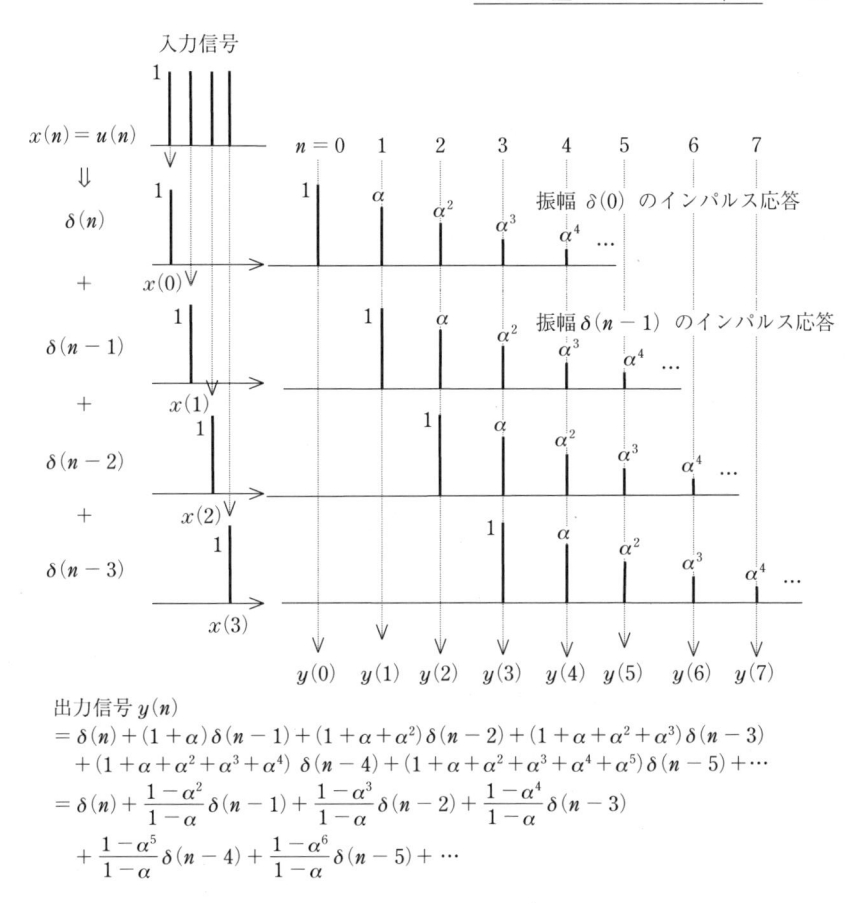

図 2.4　例題 2.1 の図式的解法

[図: 入力信号 $x(n)$ とインパルス応答 $h(n)$]

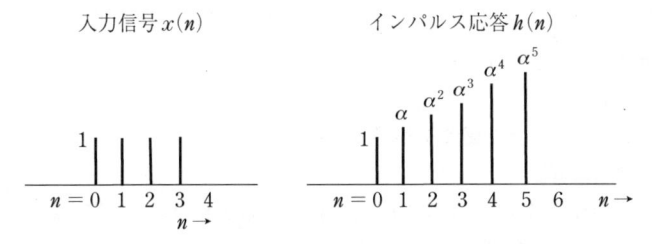

図 2.5　入力信号とインパルス応答

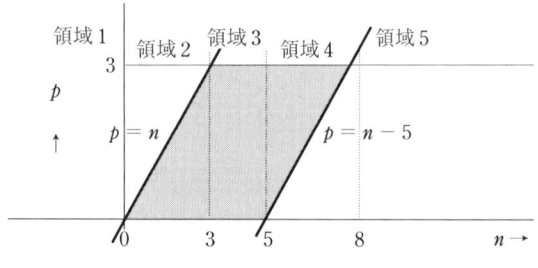

図2.6 pに対するnの範囲

領域1 （$n<0$）
$$y(n)=0 \tag{2.11}$$
領域2 （$0\leq n\leq 3$）
$$y(n)=\sum_{p=0}^{n}x(p)h(n-p)=\sum_{p=0}^{n}1\cdot a^{n-p}$$
で，$r=n-p$とおくと
$$y(n)=\sum_{r=n}^{0}a^r=\sum_{r=0}^{n}a^r=\frac{a^{n+1}-1}{a-1}$$
で，$0\leq n\leq 3$より，解は
$$y(n)=\frac{a^{n+1}-1}{a-1}\{u(n)-u(n-4)\} \tag{2.12}$$
領域3 （$4\leq n\leq 5$）
$$y(n)=\sum_{p=0}^{3}a^{n-p}=a^n\sum_{p=0}^{3}(a^{-1})^p=a^n\frac{1-a^{-4}}{1-a^{-1}}\{u(n-4)-u(n-6)\} \tag{2.13}$$
領域4 （$6\leq n\leq 8$）
$$y(n)=\sum_{p=n-5}^{3}a^{n-p}$$
から，$r=p-n+5$とおいて
$$y(n)=\sum_{r=0}^{8-n}a^{5-r}=a^5\sum_{r=0}^{8-n}(a^{-1})^r=\frac{a^6-a^{n-3}}{a-1}\{u(n-6)-u(n-9)\} \tag{2.14}$$
領域5 （$n\geq 9$）
$$y(n)=0 \tag{2.15}$$
以上の結果を描いてみると図2.7が得られる。

別解 図式的解法

入力信号$x(n)$，インパルス応答$h(n)$を描くと図2.8のように得られる。図2.3に示す方法と同様に，$n=0$のときの入力信号$x(n)=\delta(n)$により，出力信号$y(n)$には，$y(0)=1, y(1)=a, y(2)=a^2, y(3)=a^3, y(4)=a^4, y(5)=a^5, y(6)=a^6$が出力される。

さらに，$n=1$のときの入力信号$x(n)=\delta(n-1)$により，出力信号$y(n)$には，

2.2 畳込み和

$y(1)=1, y(2)=\alpha, y(3)=\alpha^2, y(4)=\alpha^3, y(5)=\alpha^4, y(6)=\alpha^5, y(7)=\alpha^6$ が出力される。

このように順次加算されていくと，図2.8のように表すことができ，これをすべての時刻ごとに振幅値を加算すれば求まる。

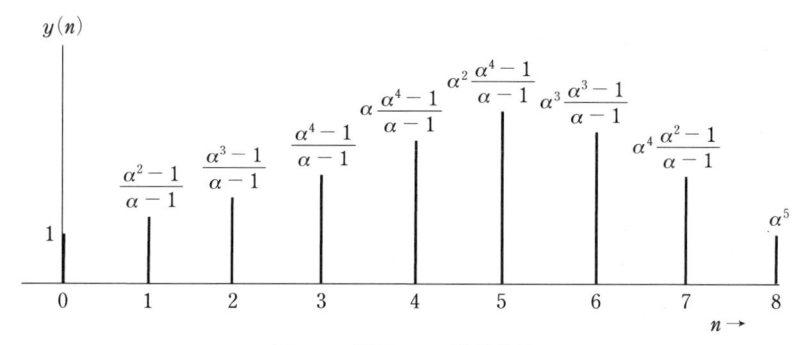

図2.7 例題2.2の計算結果

入力信号 $x(n) = \delta(n) + \delta(n-1) + \delta(n-2) + \delta(n-3) + \delta(n-4)$

図2.8 例題2.2の図式的解法

例えば，$y(5) = \alpha^5 + \alpha^4 + \alpha^3 + \alpha^2 = \alpha^2 \dfrac{\alpha^4 - 1}{\alpha - 1} \quad (\alpha > 1)$

例題 2.3

入力信号が $x(n)=\alpha^n u(n)$,インパルス応答 $h(n)=\beta^n u(n)$ の時間長がそれぞれ N_1, N_2 で,$|\alpha|<1$, $|\beta|<1$, $\alpha\neq\beta$, $N_1\geq N_2$ であったとき,畳込み演算で得られる出力信号 $y(n)=x(n)*h(n)$ を求め,その出力信号 $y(n)$ の時間長がいかほどになるのか考察しなさい。ただし,$x(n)=\alpha^n\{u(n)-u(n-N_1)\}$,$h(n)=\beta^n\{u(n)-u(n-N_2)\}$ として $y(n)$ を求め,有効時間長を求めること(この問題は計算機で畳込み演算を行う場合,考えておかなければならない重要なポイントである)。

解答

$$y(n)=x(n)*h(n)$$
$$=\sum_{p=-\infty}^{\infty}\alpha^p\{u(p)-u(p-N_1)\}\beta^{n-p}\{u(n-p)-u(n-p-N_2)\}$$
$$=\sum_{p=-\infty}^{\infty}\alpha^p\beta^{n-p}u(p)u(n-p)-\sum_{p=-\infty}^{\infty}\alpha^p\beta^{n-p}u(p)u(n-p-N_2)$$
$$-\sum_{p=-\infty}^{\infty}\alpha^p\beta^{n-p}u(p-N_1)u(n-p)+\sum_{p=-\infty}^{\infty}\alpha^p\beta^{n-p}u(p-N_1)u(n-p-N_2) \tag{2.16}$$

右辺第1項:$(0\leq p\leq n \to 0\leq n)$

$$\sum_{p=-\infty}^{\infty}\alpha^p\beta^{n-p}u(p)u(n-p)=\beta^n\sum_{p=0}^{n}\left(\frac{\alpha}{\beta}\right)^p=\beta^n\frac{1-(\alpha/\beta)^{n+1}}{1-(\alpha/\beta)} \tag{2.17}$$

右辺第2項:$\{0\leq p\leq(n-N_2)\to N_2\leq n\}$

$$\sum_{p=-\infty}^{\infty}\alpha^p\beta^{n-p}u(p)u(n-p-N_2)=\beta^n\sum_{p=0}^{n-N_2}\left(\frac{\alpha}{\beta}\right)^p=\beta^n\frac{1-(\alpha/\beta)^{n-N_2+1}}{1-(\alpha/\beta)} \tag{2.18}$$

右辺第3項:$(n\geq p, p\geq N_1 , N_1\leq p\leq n , N_1\leq n)$

$$\sum_{p=-\infty}^{\infty}\alpha^p\beta^{n-p}u(p-N_1)u(n-p)=\beta^n\sum_{p=N_1}^{n}\left(\frac{\alpha}{\beta}\right)^p=\beta^n\left\{\sum_{p=0}^{n}\left(\frac{\alpha}{\beta}\right)^p-\sum_{p=0}^{N_1-1}\left(\frac{\alpha}{\beta}\right)^p\right\}$$
$$=\beta^n\frac{1-(\alpha/\beta)^{n+1}}{1-(\alpha/\beta)}-\beta^n\frac{1-(\alpha/\beta)^{N_1}}{1-(\alpha/\beta)} \tag{2.19}$$

右辺第4項:$(n-N_2\geq p, p\geq N_1 \to N_1\leq p\leq (n-N_2)\to (N_1+N_2)\leq n)$

$$\sum_{p=-\infty}^{\infty}\alpha^p\beta^{n-p}u(p-N_1)u(n-p-N_2)=\beta^n\sum_{p=N_1}^{n-N_2}\left(\frac{\alpha}{\beta}\right)^p$$
$$=\beta^n\left\{\sum_{p=0}^{n-N_2}\left(\frac{\alpha}{\beta}\right)^p-\sum_{p=0}^{N_1-1}\left(\frac{\alpha}{\beta}\right)^p\right\}=\beta^n\frac{1-(\alpha/\beta)^{n-N_2+1}}{1-(\alpha/\beta)}-\beta^n\frac{1-(\alpha/\beta)^{N_1}}{1-(\alpha/\beta)} \tag{2.20}$$

したがって,n の範囲ごとに求める。

1) $0 \leq n < N_2$ のとき（第1項だけ）

$$y(n) = \beta^n \frac{1-(\alpha/\beta)^{n+1}}{1-(\alpha/\beta)} \tag{2.21}$$

2) $N_2 \leq n < N_1$ のとき（第1項－第2項）

$$y(n) = \beta^n \frac{1-(\alpha/\beta)^{n+1}}{1-(\alpha/\beta)} - \beta^n \frac{1-(\alpha/\beta)^{n-N_2+1}}{1-(\alpha/\beta)}$$

$$= \frac{\beta^n}{1-(\alpha/\beta)}\{(\alpha/\beta)^{n-N_2+1}-(\alpha/\beta)^{n+1}\} = \frac{\beta^n(\alpha/\beta)^{n+1}}{1-(\alpha/\beta)}\{(\alpha/\beta)^{-N_2}-1\} \tag{2.22}$$

3) $N_1 \leq n < N_1+N_2$ のとき（第1項－第2項－第3項）

$$y(n) = \beta^n \frac{1-(\alpha/\beta)^{n+1}}{1-(\alpha/\beta)} - \beta^n \frac{1-(\alpha/\beta)^{n-N_2+1}}{1-(\alpha/\beta)}$$

$$- \beta^n \frac{1-(\alpha/\beta)^{n+1}}{1-(\alpha/\beta)} + \beta^n \frac{1-(\alpha/\beta)^{N_1}}{1-(\alpha/\beta)} = \frac{\beta^n(\alpha/\beta)^{N_1}}{1-(\alpha/\beta)}\{(\alpha/\beta)^{n-N_2-N_1+1}-1\} \tag{2.23}$$

4) $n \geq N_1+N_2$ のとき（第1項－第2項－第3項＋第4項）

$$y(n) = \beta^n \frac{1-(\alpha/\beta)^{n+1}}{1-(\alpha/\beta)} - \beta^n \frac{1-(\alpha/\beta)^{n-N_2+1}}{1-(\alpha/\beta)} - \beta^n \frac{1-(\alpha/\beta)^{n+1}}{1-(\alpha/\beta)}$$

$$+ \beta^n \frac{1-(\alpha/\beta)^{N_1}}{1-(\alpha/\beta)} + \beta^n \frac{1-(\alpha/\beta)^{n-N_2+1}}{1-(\alpha/\beta)} - \beta^n \frac{1-(\alpha/\beta)^{N_1}}{1-(\alpha/\beta)} = 0 \tag{2.24}$$

となり，3）より，$y(N_1+N_2-1)=0$ から有効時間長は N_1+N_2-1 となる。∎

2.3 畳込みの基本的な性質

1) 可換則

$$y(n) = x(n) * h(n) = h(n) * x(n) \tag{2.25}$$

すなわち，$x(n) * h(n) = \sum_{p=-\infty}^{\infty} x(p)h(n-p)$ で，$r=n-p$ とおくと

$$\sum_{r=\infty}^{-\infty} x(n-r)h(r) = \sum_{r=-\infty}^{\infty} h(r)x(n-r) = h(n) * x(n)$$

連続系では，$\int_{-\infty}^{\infty} f(t)dt = -\int_{\infty}^{-\infty} f(t)dt$ で積分範囲が逆になるとマイナスが付くが，離散値系では，$\sum_{n=-\infty}^{\infty} f(n) = \sum_{n=\infty}^{-\infty} f(n)$ であることに注意する。

2) 結合則

$$y(n) = x(n) * \{h_1(n) * h_2(n)\} = \{x(n) * h_1(n)\} * h_2(n) \tag{2.26}$$

3） **分配則**
$$y(n) = x(n) * \{h_1(n) + h_2(n)\} = x(n) * h_1(n) + x(n) * h_2(n) \quad (2.27)$$

2.4 畳込みの線形時不変システムの性質

1.7節のシステム諸性質の中で畳込み演算に関連する部分について以下に述べる。

2.4.1 因果性システム

システムの出力信号 $y(n)$ が入力信号 $x(n)$ の現在の値および過去の値 $x(p)$, $(p \leq n-1)$ のみに依存するシステムで、一般的な畳込み演算では、$y(n) = \sum_{p=-\infty}^{\infty} x(p)h(n-p)$ で、出力信号 $y(n)$ は入力信号 $x(-\infty)$ の値から $x(\infty)$ の値まで加算されて求めている。したがって、この p の範囲では因果性は成り立たない。

しかしながら、p の範囲を $-\infty \leq p \leq n$ とすると、どうなるだろう。入力信号 $x(n)$ は $-\infty \leq n \leq 0$ となり、過去から現在までの値であるから、因果性を有することになる。世の中の物理現象は、すべてこの因果性で成り立っている。

2.4.2 逆転可能システム

入力信号 $x(n)$ と出力信号 $y(n)$ との間に、1対1の対応が存在するとき、逆転可能なシステムと呼ぶ。逆転可能なシステム例としては $y(n) = ax(n)$ のとき、その逆転可能なシステムは $z(n) = (1/a)y(n)$ であった。

伝達関数のインパルス応答 $h(n)$ の逆転可能なシステム $h_{inv}(n)$ は、$h(n) * h_{inv}(n) = \delta(n)$ の関係を満たすことである。現実の問題ではこのような関係はありえない。因果律を満たさないからである。因果律を満たすためには $h(n) * h_{inv}(n) = \delta(n-k)$ で、k は $h_{inv}(n)$ が因果律を満たすような値でなければならない。

2.5 微分方程式と差分方程式

連続系システムでは，入力信号と出力信号との関係が線形定数微分方程式で表される。例えば，LR 回路などである。

図 2.9 に示す LR 回路は，電流を $i(t)$ とすれば，以下のような微分方程式で表される。

$$L\frac{di(t)}{dt}+Ri(t)=V_{in}(t), \quad Ri(t)=V_{out}(t)$$

より

$$\frac{L}{R}\cdot\frac{dV_{out}(t)}{dt}+V_{out}(t)=V_{in}(t) \tag{2.28}$$

この $V_{in}(t)$ を $x(t)$，$V_{out}(t)$ を $y(t)$，$L/R=a>0$ とすれば

$$a\frac{dy(t)}{dt}+y(t)=x(t) \tag{2.29}$$

となる。いま，入力信号を $x(t)=\delta(t)$ とすると，この出力信号は

$$y(t)=\frac{1}{a}e^{-\frac{t}{a}}u(t) \tag{2.30}$$

となる。

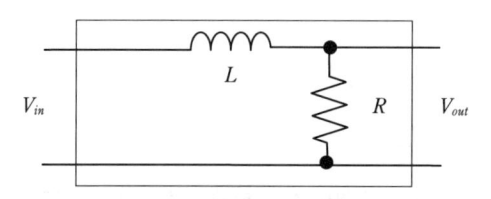

図 2.9 線形定数微分方程式の例

一方，離散値系システムでは，上記の微分方程式は，以下のように展開できる。

$$a\{y(n)-y(n-1)\}+y(n)=x(n) \tag{2.31}$$

すなわち

2. 線形時不変システム

$$y(n) = \frac{a}{a+1}y(n-1) + \frac{1}{a+1}x(n) \tag{2.32}$$

となる。ここで，$n<0$ で $x(n)=0$，$y(n)=0$ で，$n=0$ で $x(n)=\delta(n)=1$ とすると

$$y(0) = \frac{1}{a+1}$$

$$y(1) = \frac{a}{a+1}y(0) = \frac{a}{(a+1)^2}$$

$$y(2) = \frac{a}{a+1}y(1) = \frac{a^2}{(a+1)^3}$$

$$\vdots$$

$$y(n) = \frac{a}{a+1}y(n-1) = \frac{a^n}{(a+1)^{n+1}} \tag{2.33}$$

したがって

$$y(n) = \frac{1}{a+1}\left(\frac{a}{a+1}\right)^n u(n) \tag{2.34}$$

となり，$e^{-1} = \dfrac{a}{a+1}$ とすれば連続系システムも離散値系システムも指数関数で減衰していくことがわかる。

このように，一般に離散値系システムの入力信号 $x(n)$ と出力信号 $y(n)$ との関係は**線形定数差分方程式**で表される。

$$a_0 y(n) + a_1 y(n-1) + \cdots = b_0 x(n) + b_1 x(n-1) + \cdots \tag{2.35}$$

すなわち，$n \geq 0$ の場合には

$$\sum_{q=0}^{\infty} a_q y(n-q) = \sum_{p=0}^{\infty} b_p x(n-p) \tag{2.36}$$

と表すことができる。式 (2.36) を演算器で実現するのは困難である。そこで p，q の範囲が 0 から ∞ まであるので，係数値 a_q，b_p が十分小さいと考えられる範囲 N，M（$q \leq N$，$p \leq M$）で打ち切っている。

$$\sum_{q=0}^{N} a_q y(n-q) = \sum_{p=0}^{M} b_p x(n-p) \tag{2.37}$$

2.6 差分方程式で表される代表的なフィルタ構成

ディジタル信号処理の数学的な記述は，1章で述べたように一般に演算記号で表すことができる．式（2.37）を演算記号で表す前に，簡単な例を示す．

ディジタルフィルタ設計の詳細は7章に記載しているので参照すること．

2.6.1 FIRフィルタ

式（2.37）より，$a_0=1$，$a_q=0$ （$q\geq 1$）の場合

$$y(n)=\sum_{p=0}^{M}b_p x(n-p) \tag{2.38}$$

となり，特にある有限値までの加算数を M とし，演算記号で表すと**図 2.10**が得られる．

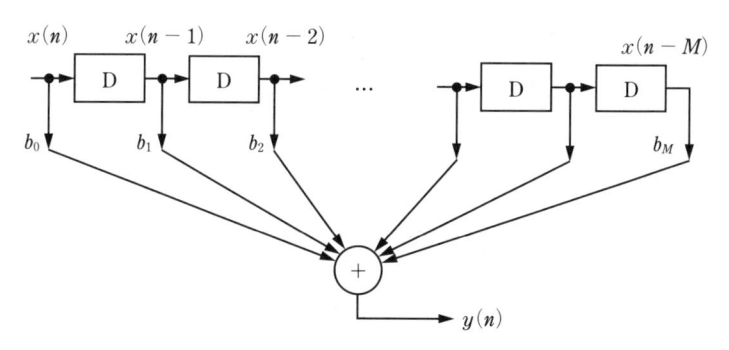

図 2.10 FIRフィルタ構成

すなわち，入力信号の現在および過去の値だけで出力信号 $y(n)$ が決定される．これを**非巡回形**（non-recursive）**フィルタ**，または**有限長インパルス応答**（FIR：finite impulse response）**フィルタ**といい，また数学的には**MA**（mean averaging）**モデル**ともいう．

2.6.2 IIRフィルタ

式（2.37）より，$b_0=1$，$b_p=0$ （$p\geq 1$）の場合

$$y(n) = \frac{1}{a_0}x(n) - \frac{a_1}{a_0}y(n-1) - \frac{a_2}{a_0}y(n-2) \tag{2.39}$$

として表すことができる。

すなわち，入力値と過去の出力値だけで出力信号 $y(n)$ が決定される。この式を演算記号で表すと図 2.11 が得られる。これを**巡回形**（recursive）**フィルタ**，または**無限長インパルス応答**（IIR：infinite impulse response）**フィルタ**という。また**自己回帰**（AR：auto regressive 自己で後戻りをするという意味）**モデル**ともいう。

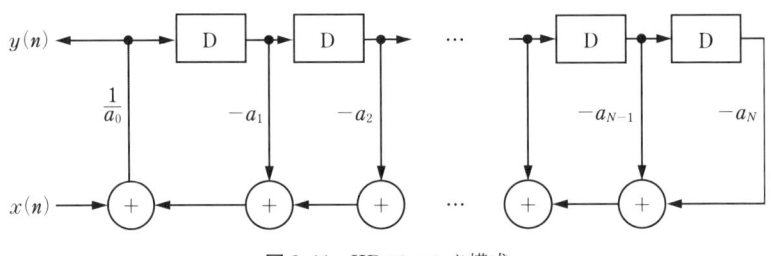

図 2.11 IIR フィルタ構成

2.6.3 一般的な IIR フィルタ

式 (2.2) を演算記号で表すために，簡単な例から説明する。1 次 IIR フィルタ $a_0 y(n) + a_1 y(n-1) = b_0 x(n)$ を演算記号で表すと図 2.12 になる。また，1 次 FIR フィルタ $a_0 y(n) = b_0 x(n) + b_1 x(n-1)$ を演算記号で表すと図 2.13 になる。

つぎに 1 次 IIR フィルタと 1 次 FIR フィルタの結合は

$$a_0 y(n) + a_1 y(n-1) = b_0 x(n) + b_1 x(n-1) = w(n) \tag{2.40}$$

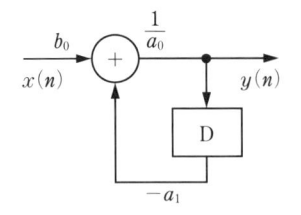

図 2.12 1 次 IIR フィルタ 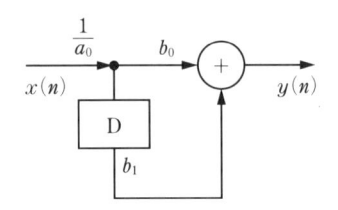   図 2.13 1 次 FIR フィルタ

と考えて，二つに分解すると

$$w(n) = b_0 x(n) + b_1 x(n-1) \tag{2.41}$$

$$y(n) = -\frac{a_1}{a_0} y(n-1) + \frac{1}{a_0} w(n) \tag{2.42}$$

となり，**図 2.14** に示すように単位遅延器 D を省略することができる。この考え方を拡張すれば式（2.37）は**図 2.15** になる。この演算回路を一般的な **IIR フィルタ**，また AR モデルと MR モデルが結合されているので，**ARMA モデル**ともいう。

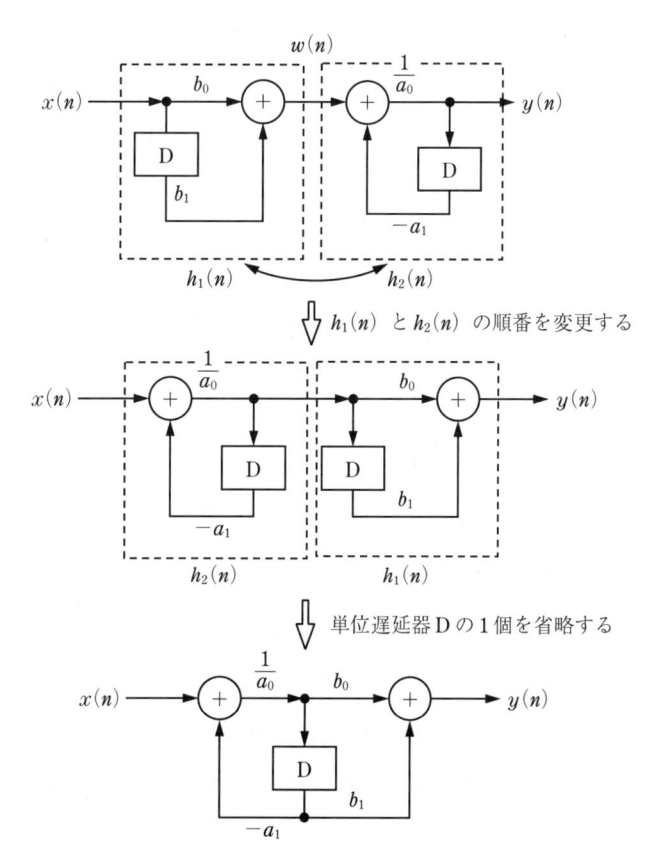

図 2.14 1 次の一般的な IIR フィルタ

32   2. 線形時不変システム

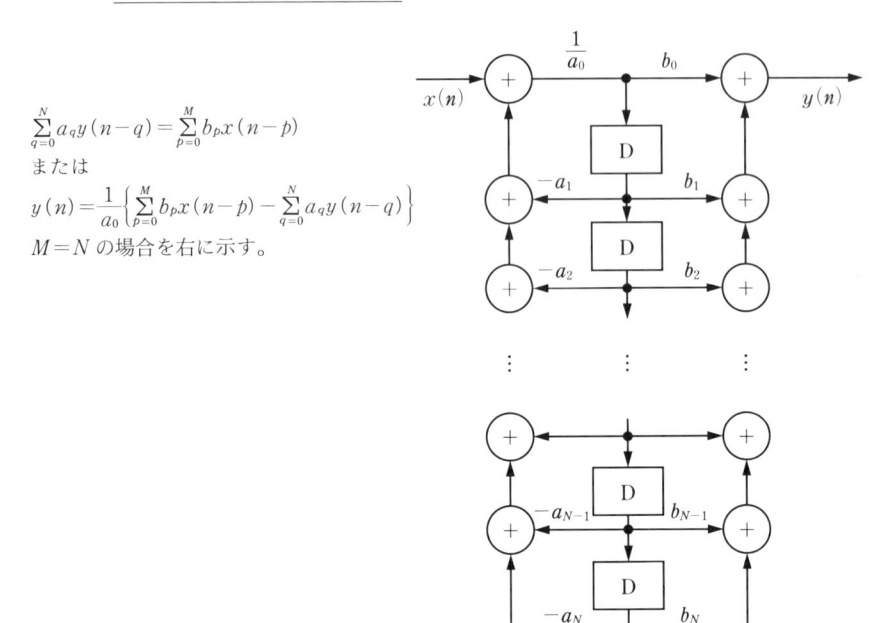

$\sum_{q=0}^{N} a_q y(n-q) = \sum_{p=0}^{M} b_p x(n-p)$
または
$y(n) = \dfrac{1}{a_0} \left\{ \sum_{p=0}^{M} b_p x(n-p) - \sum_{q=0}^{N} a_q y(n-q) \right\}$
$M=N$ の場合を右に示す。

図 2.15 一般的な IIR フィルタ構成

演 習 問 題

【1】 下記の入力信号 $x(n)$，インパルス応答 $h(n)$ について，畳込み演算によって出力信号 $y(n)$ を求めよ。

(1) $x(n) = \alpha^n u(n)$, $h(n) = \beta^n u(n)$, $\alpha \neq \beta$

(2) すべての n に対して $x(n) = 1$,
$h(n) \begin{cases} = (1/2)^n & (n \geq 0) \\ = 2^n & (n < 0) \end{cases}$

(3) $x(n) = u(n)$,
$h(n) \begin{cases} = (1/3)^n & (n \geq 0) \\ = 3^n & (n < 0) \end{cases}$

【2】 畳込みの結合則が正しいか，その演習を行う。

(1) 等式 $\{x(t) * h(t)\} * g(t) = x(t) * \{h(t) * g(t)\}$ の両辺が等しいことを
$$\int_{-\infty}^{\infty} \int_{-\infty}^{\infty} x(\tau) h(\sigma) g(t-\tau-\sigma) \, d\tau d\sigma$$

を用いて示せ。

(2) $h_1(n)=(-1/4)^n u(n)$ と $h_2(n)=u(n)+(1/4)u(n-1)$ を持つ二つのLTIシステムを考える。これらを図2.16のように縦続接続する。ただし，$x(n)=u(n)$ とする。

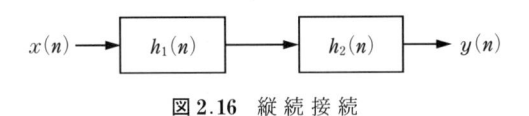

$x(n) \longrightarrow \boxed{h_1(n)} \longrightarrow \boxed{h_2(n)} \longrightarrow y(n)$

図 2.16 縦続接続

(a) 最初に $w(n)=x(n)*h_1(n)$，つぎに $y(n)=w(n)*h_2(n)$ を計算せよ。
(b) 最初に $g(n)=h_1(n)*h_2(n)$ として，つぎに $y(n)=x(n)*g(n)$ を計算せよ。

(3) 図2.16に示すLTIシステムにおいて，$h_1(n)=\cos 2n$, $h_2(n)=a^n u(n)$ ($|a|<1$) のとき，入力信号が $x(n)=\delta(n)-a\delta(n-1)$ であるときの出力信号 $y(n)$ を求めよ。

【3】 3個の因果性LTIシステムの縦続接続（図2.17）において，インパルス応答 $h_2(n)$ は $h_2(n)=u(n)-u(n-2)$ である。システムのインパルス応答を図2.18に示す。

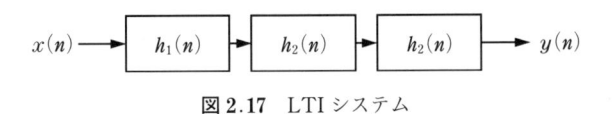

$x(n) \longrightarrow \boxed{h_1(n)} \longrightarrow \boxed{h_2(n)} \longrightarrow \boxed{h_2(n)} \longrightarrow y(n)$

図 2.17 LTI システム

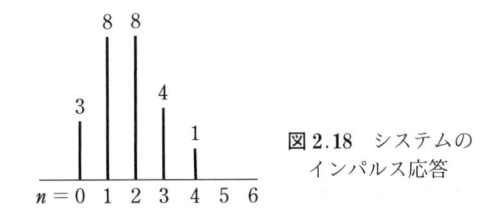

図 2.18 システムの
インパルス応答

(1) インパルス応答 $h_1(n)$ を求めよ。
(2) 入力信号 $x(n)=\delta(n)-\delta(n-1)$ に対するシステムのインパルス応答を求めよ。

【4】 畳込み演算において一定時間間隔が変化すると，結果はどのように変わるだろうか。図2.19（a）に示した $h(t)$ は三角パルスで，図（b）の $x(t)$ はインパルス信号列であるとする。以下の T の値について $y(t)=x(t)*h(t)$

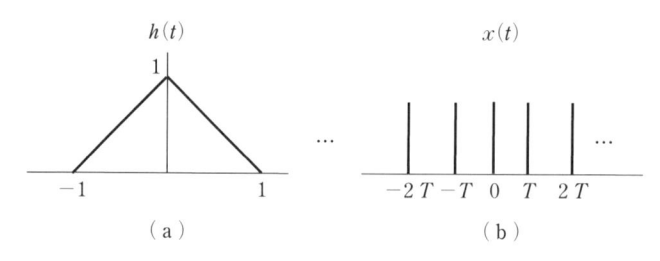

図 2.19

(a) $h(t)$: 三角波, 頂点 1, 底 -1 から 1
(b) $x(t)$: 間隔 T のインパルス列 ($-2T, -T, 0, T, 2T, \ldots$)

を求め，図に表し説明せよ。
(1) $T=3$ (2) $T=2$ (3) $T=1$

【5】この問題は連続系の畳込み積分が離散値系の畳込み演算となる体験をすることを目的としている。

(1) 入力信号 $x(t)$ が $\delta(t)$ のとき，出力が以下の式で与えられるようなシステム，すなわちインパルス応答である。

$$h(t) = \sum_{n=-\infty}^{\infty} h_n \delta(t-nT)$$

さらに，入力信号が $x(t) = \sum_{n=-\infty}^{\infty} x_n \delta(t-nT)$ のようなインパルス信号列で与えられたとき，畳込み積分を用いて，その出力信号も $y(t) = \sum_{n=-\infty}^{\infty} y_n \delta(t-nT)$ のようなインパルス信号列で与えられ，そのとき，係数 y_n は数列 x_n と h_n の離散値系畳込み

$$y_n = \sum_{k=-\infty}^{\infty} x_k h_{n-k}$$

として与えられることを示せ。ただし，$T>0$ はインパルス信号の間隔，h_n は定数とする。

(2) 上記(1)に対して，具体的に値をいれて体験してみよう。いま，インパルス応答が h_0, h_1, h_2, h_3 の振幅値を持った等間隔のインパル

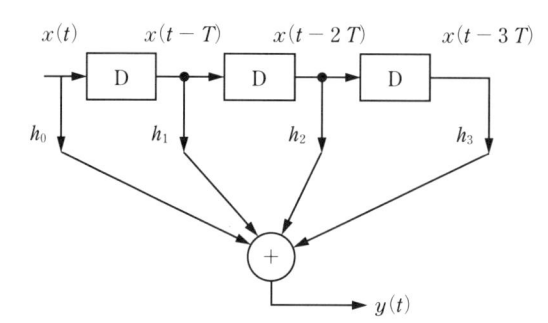

図 2.20 タップ付き遅延回路

ス信号列からなるものである。このシステムはタップ付き遅延回路で実現できる。$h(t) = \sum_{n=0}^{3} h_n \delta(t-nT)$ であるシステム構成を図 2.20 に示す。

　図に示すタップ付き遅延回路を 3 個縦続接続してできるシステムのインパルス応答はどのようになるのか求めよ。ただし，$h_0=1$，$h_1=-1$，$h_2=h_3=0$ とする。

【6】離散時間の相関関数の性質を知っておくことは重要である。$x(n)$ と $y(n)$ は，離散時間における実数値を持つ二つの信号である。$x(n)$ と $y(n)$ のそれぞれの自己相関関数は次式で与えられる。

$$\phi_{xx}(n) = \sum_{m=-\infty}^{\infty} x(m+n)x(m), \quad \phi_{yy}(n) = \sum_{m=-\infty}^{\infty} y(m+n)y(m)$$

$x(n)$ と $y(n)$ の相互相関関数は次式で与えられる。

$$\phi_{xy}(n) = \sum_{m=-\infty}^{\infty} x(m+n)y(m), \quad \phi_{yx}(n) = \sum_{m=-\infty}^{\infty} y(m+n)x(m)$$

連続系と同様にこれらの関数はある対称性を有している。具体的にいえば，$\phi_{xx}(n)$ と $\phi_{yy}(n)$ は偶関数であり，他方 $\phi_{xy}(n)$ と $\phi_{yx}(n)$ は奇関数である。

（1）図 2.21 に示す信号 $x_1(n)$，$x_2(n)$，および $x_3(n)$ の自己相関関数を求めよ。

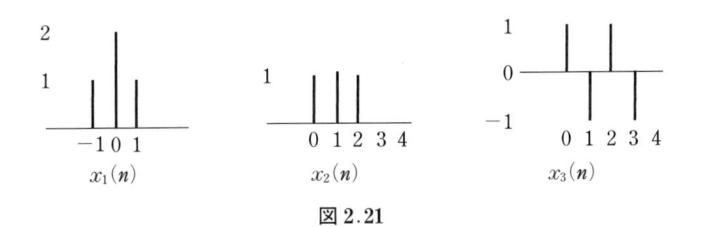

図 2.21

（2）相互相関数列 $\phi_{x_i x_j}$，$i \neq j$，$(i,j=1,2,3)$ を求めよ。

（3）インパルス応答 $h(n)$ の LTI システムへの入力信号を $x(n)$ とし，その出力信号を $y(n)$ とする。$\phi_{xy}(n)$ と $\phi_{yy}(n)$ とを $\phi_{xx}(n)$ と $h(n)$ とで表せ。$\phi_{xy}(n)$ と $\phi_{yy}(n)$ がそれぞれ，$\phi_{xx}(n)$ を入力とする LTI システムの出力で表されることを確認せよ。

3 連続時間の信号とシステムにおけるフーリエ解析

本章では，4 章で離散時間信号を取り扱うための準備として，連続時間信号のためのフーリエ解析について述べる。2 章までは，時間軸上で議論していたが，本章のように，周波数軸上で信号を取り扱うと，その性質を理解しやすくなることが多い。

3.1 複素指数関数に関する連続時間のLTIシステムの応答

いま，s を複素変数とし，インパルス応答 $h(t)$ のシステムへの入力を $x(t)=e^{st}$ とすると，その出力 $y(t)$ は

$$y(t)=\int_{-\infty}^{\infty}h(p)x(t-p)dp=\int_{-\infty}^{\infty}h(p)e^{s(t-p)}dp=e^{st}\int_{-\infty}^{\infty}h(p)e^{-sp}dp$$
$$=H(s)e^{st}$$

となる。ここで，$H(s)=\int_{-\infty}^{\infty}h(p)e^{-sp}dp$ としている。

一般に，入力が e^{st} で，出力が $H(s)e^{st}$ で表せる場合，e^{st} をそのシステムの**固有関数**（eigenfunction），$H(s)$ を**固有値**（eigenvalue）と呼ぶ。この関係を図 3.1 に示す。

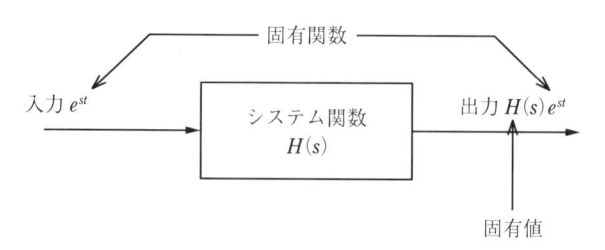

図 3.1 システムの固有関数と固有値

3.2 周期信号の表現：連続時間軸でのフーリエ級数

システムの線形性から，入力が $x(t) = a_1 e^{s_1 t} + a_2 e^{s_2 t} + \cdots$ のとき，出力は $y(t) = a_1 H(s_1) e^{s_1 t} + a_2 H(s_2) e^{s_2 t} \cdots$ となることは容易にわかる．一般に，この関係は

$$x(t) = \sum_{k=1}^{+\infty} a_k e^{s_k t} \Rightarrow y(t) = \sum_{k=1}^{+\infty} a_k H(s_k) e^{s_k t} \tag{3.1}$$

と表される．つまり，LTI システムに対して，固有値 $H(s_k)$ が既知であれば，複素指数関数の線形結合入力に対する応答はただちに求まる．以下，本章では，$s_k = jk\omega_0$ として説明する．

3.2 周期信号の表現：連続時間軸でのフーリエ級数

図 3.2 に示されるような周期 T_0 の任意の信号 $x(t)$ を関数（例えば三角関数）で表すにはどうすればよいであろうか．

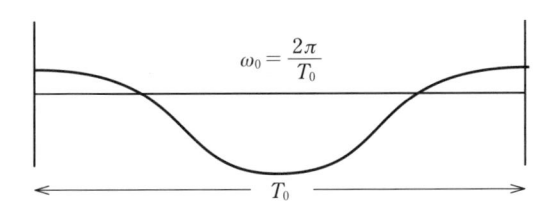

図 3.2 周期 T_0 の連続時間波形

われわれにとって身近な関数である三角関数 $x(t) = a\cos(\omega t)$ を考えてみる．この関数は偶関数で，角周波数 ω，振幅定数 a が決まれば入力と出力との関係が一義的に決まる．そこで，一つの信号には様々な高次の高調波の偶関数が含まれているものと考えれば

$$x(t) = a_0 + a_1 \cos(\omega_0 t) + a_2 \cos(2\omega_0 t) + \cdots + a_N \cos(N\omega_0 t)$$

となる．この信号の変数が $N+1$ 個（$a_0, a_1, \cdots, a_N$），すなわち信号の時間サンプル数が $N+1$ 個ならば，上式で求めることが可能である．

それでは，任意の時間信号を近似するにはどうすればよいであろうか．そのためには，いままで学んだ奇関数を導入すればよい（1 章で学んだこと，すな

わち任意の関数は偶関数と奇関数から構成できることを思い出そう）。つまり，任意の時間信号は，次式で与えられることがわかる。

$$\begin{aligned}x(t)=&a_0+a_1\cos(\omega_0 t)+a_2\cos(2\omega_0 t)+\cdots+a_N\cos(N\omega_0 t)\\&+b_1\sin(\omega_0 t)+b_2\sin(2\omega_0 t)+\cdots+b_N\sin(N\omega_0 t)\\=&\sum_{k=0}^{N}\{a_k\cos(k\omega_0 t)+b_k\sin(k\omega_0 t)\}\end{aligned}$$

ところで，この式を周波数軸上で表すにはどのようにすればよいのだろうか。一般に cos, sin を複素平面上で表すと，実軸および虚軸上の長さを描くことになり，cos, sin はたがいに直交成分である。それぞれの係数 $a_0, a_1, \cdots, a_N, b_1, b_2, \cdots, b_N$ の値には正負があるので，図 3.3 のような複素面が描ける。

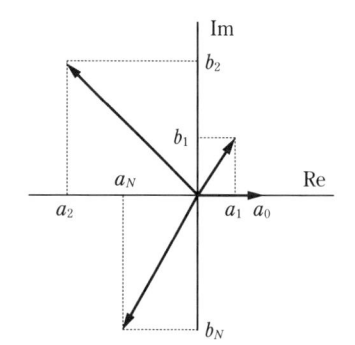

図 3.3 周期波形の cos 成分と sin 成分

しかしながら，このような cos, sin を用いる表し方は，特に信号間の乗算を行うときに非常に煩雑となる。そこで，通常は以下のように複素指数関数を用いて表す。

$$\begin{aligned}x(t)&=\sum_{k=0}^{N}\{a_k\cos(k\omega_0 t)+b_k\sin(k\omega_0 t)\}\\&=\sum_{k=0}^{N}\left(a_k\frac{e^{jk\omega_0 t}+e^{-jk\omega_0 t}}{2}+b_k\frac{e^{jk\omega_0 t}-e^{-jk\omega_0 t}}{2j}\right)\\&=\sum_{k=0}^{N}\left(\frac{a_k-jb_k}{2}e^{jk\omega_0 t}+\frac{a_k+jb_k}{2}e^{-jk\omega_0 t}\right)=\sum_{k=-N}^{N}c_k e^{jk\omega_0 t}\end{aligned}$$

ここで

$$c_0\equiv a_0,\quad c_k\equiv\frac{1}{2}(a_k-jb_k),\quad c_{-k}\equiv\frac{1}{2}(a_k+jb_k)$$

とおいている。なお，$x(t)$ が実数の場合，$x(t)=x^*(t)$ であるから

$$x^*(t)=\sum_{k=-N}^{+N}c_k{}^*e^{-jk\omega_0 t}=\sum_{k=-N}^{+N}c_{-k}{}^*e^{jk\omega_0 t}=x(t)=\sum_{k=-N}^{+N}c_k e^{jk\omega_0 t}$$

より，$c_k=c_{-k}{}^*$ となることがわかる。これより $a_k=a_{-k}$，$b_k=-b_{-k}$ は明らかである。

基本周期 T_0 を持つ次式の複素指数関数の線形結合を $N\to\infty$ まで考慮して，**フーリエ級数**（Fourier series）表現と呼ぶ。

$$x(t)=\sum_{k=-\infty}^{+\infty}c_k e^{jk\omega_0 t} \tag{3.2}$$

ここで

$k=\pm 1 \Rightarrow$ 基本周波数成分（または，第一次高調波成分）

$k=\pm 2 \Rightarrow$ 第二次高調波成分

⋮　　　　⋮

と呼ぶ。また，c_k は**周波数スペクトル**（frequency spectrum）と呼ばれるが，周期信号では，k は整数値しかとらないので，スペクトルは**線スペクトル**（line spectrum）になっている。

例として，基本角周波数 ω_0 が 2π である次式の周期信号 $x(t)$ について考える。

$$x(t)=\sum_{k=-3}^{3}c_k e^{jk2\pi t}$$

$c_0=1$，$c_{\pm 1}=1/4$，$c_{\pm 2}=1/2$，$c_{\pm 3}=1/3$ とすると，$x(t)$ は

$$x(t)=1+\frac{1}{4}(e^{j2\pi t}+e^{-j2\pi t})+\frac{1}{2}(e^{j4\pi t}+e^{-j4\pi t})+\frac{1}{3}(e^{j6\pi t}+e^{-j6\pi t})$$

$$=1+\frac{1}{2}\cos 2\pi t+\cos 4\pi t+\frac{2}{3}\cos 6\pi t \tag{3.3}$$

となる。ここで，周波数だけで考えてみることにする。これを以下，周波数領域という。すなわち，式（3.3）は，$k=0$，± 1，± 2，± 3 を横軸に，振幅を縦軸にとると**図 3.4** のような振幅特性になる。

われわれが時間領域で親しんでいる信号は，このように周波数領域に展開することもでき，また，このようにすることによっていろいろな性質を知ること

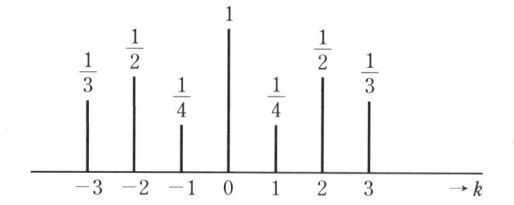

図 3.4　$x(t)$ の周波数振幅特性

ができる。逆に，各周波数成分のスペクトルの総和をとれば，もとの時間領域の信号を得ることができる。したがって，各周波数成分にスペクトルを乗じたものの和で周期関数は表現できる。

3.3　フーリエ級数の係数決定法

3.3.1　フーリエ級数展開

それでは，任意の時間信号を sin や cos の関数を用いて近似するにはどうしたらよいであろうか。このために，第 N 次高調波まで含む以下の信号について考えてみよう。

$$x(t) = a_0 + a_1 \cos(\omega_0 t) + a_2 \cos(2\omega_0 t) + \cdots + a_N \cos(N\omega_0 t)$$
$$+ b_1 \sin(\omega_0 t) + b_2 \sin(2\omega_0 t) + \cdots + b_N \sin(N\omega_0 t)$$

この信号の変数の数は $(2N+1)$ であるから，ある $(2N+1)$ 個の時刻のサンプル値をとれば，以下の $(2N+1)$ 元 1 次連立方程式より，$a_0, a_1, \cdots, a_N, b_1, b_2, \cdots, b_N$ を求めることができる。

$$x(t_0) = a_0 + a_1 \cos(\omega_0 t_0) + \cdots + a_N \cos(N\omega_0 t_0)$$
$$+ b_1 \sin(\omega_0 t_0) + \cdots + b_N \sin(N\omega_0 t_0)$$
$$x(t_1) = a_0 + a_1 \cos(\omega_0 t_1) + \cdots + a_N \cos(N\omega_0 t_1)$$
$$+ b_1 \sin(\omega_0 t_1) + \cdots + b_N \sin(N\omega_0 t_1)$$
$$\vdots$$
$$x(t_N) = a_0 + a_1 \cos(\omega_0 t_N) + \cdots + a_N \cos(N\omega_0 t_N)$$
$$+ b_1 \sin(\omega_0 t_N) + \cdots + b_N \sin(N\omega_0 t_N)$$

$$\vdots \quad \vdots \quad \vdots \quad \vdots$$

$$x(t_{2N}) = a_0 + a_1 \cos(\omega_0 t_{2N}) + \cdots + a_N \cos(N\omega_0 t_{2N})$$
$$+ b_1 \sin(\omega_0 t_{2N}) + \cdots + b_N \sin(N\omega_0 t_{2N})$$

しかも,このときに時間区間 T_0 には少なくても基本波成分が含まれていなければならないから

$$\omega_0 = 2\pi f_0 = \frac{2\pi}{T_0}$$

が成立している.この($2N+1$)元 1 次連立方程式の解を求めるのは大変である.スペクトル a_n, b_n, すなわち c_n を直接求める方法はないのだろうか.このために,まず,式 (3.2) の両辺に $e^{-jn\omega_0 t}$ を乗じてみよう.

$$x(t)e^{-jn\omega_0 t} = \sum_{k=-\infty}^{+\infty} c_k e^{jk\omega_0 t} e^{-jn\omega_0 t}$$

さらに,両辺を 0 から T_0 の区間で積分する.

$$\int_0^{T_0} x(t) e^{-jn\omega_0 t} dt = \sum_{k=-\infty}^{\infty} c_k \int_0^{T_0} e^{j(k-n)\omega_0 t} dt$$

上式の右辺において, $k \neq n$ のときは

$$\int_0^{T_0} x(t) e^{-jn\omega_0 t} dt = \sum_{k=-\infty}^{\infty} c_k \left[\frac{1}{j(k-n)\omega_0} e^{j(k-n)\omega_0 t} \right]_0^{T_0}$$
$$= \sum_{k=-\infty}^{\infty} c_k \frac{1}{j(k-n)\omega_0} \{e^{j(k-n)2\pi} - e^0\} = 0$$

となり,また, $k=n$ のときは

$$\int_0^{T_0} e^0 dt = T_0$$

となることに注意すると,結局

$$\int_0^{T_0} x(t) e^{-jn\omega_0 t} dt = \sum_{k=-\infty}^{\infty} c_k \int_0^{T_0} e^{j(k-n)\omega_0 t} dt = c_k T_0$$

$$\therefore \quad c_k = \frac{1}{T_0} \int_0^{T_0} x(t) e^{-jk\omega_0 t} dt$$

が得られる.このように $k \neq n$ のとき, 0 となり, $k=n$ のとき, 0 以外の値を持つことを**直交する**という.

以上をまとめると,フーリエ級数表現とそのスペクトル c_k との間の関係は

つぎの定義式で与えられる。

> **定義 3.1　フーリエ級数展開**（Fourier series expansion）
>
> $$x(t)=\sum_{k=-\infty}^{+\infty} c_k e^{jk\omega_0 t} \tag{3.4a}$$
>
> $$c_k=\frac{1}{T_0}\int_0^{T_0} x(t)e^{-jk\omega_0 t}dt \quad \text{または}$$
>
> $$c_k=\frac{1}{T_0}\int_{-T_0/2}^{T_0/2} x(t)e^{-jk\omega_0 t}dt \tag{3.4b}$$

例題 3.1

正弦波信号 $x(t)=\sin \omega_0 t$ のスペクトル c_k を求めなさい。

解答　この信号は，オイラーの公式を用いて

$$x(t)=\sin \omega_0 t=\frac{1}{2j}e^{j\omega_0 t}-\frac{1}{2j}e^{-j\omega_0 t}$$

と展開されるので，$c_1=1/2j$，$c_{-1}=-1/2j$ であり，それ以外の $k(\neq \pm 1)$ については，$c_k=0$ となる。　■

例題 3.2

$x(t)=1+\sin \omega_0 t+2\cos \omega_0 t+\cos(2\omega_0 t+\pi/4)$ のフーリエ級数表現を求めなさい。

解答　式(3.4b)を用いて c_k を求めてもよいが，この場合は，オイラーの公式により，sin, cos を複素指数関数で表すと以下のようにして簡単に求めることができる。

$$x(t)=1+\frac{1}{2j}(e^{j\omega_0 t}-e^{-j\omega_0 t})+(e^{j\omega_0 t}-e^{-j\omega_0 t})+\frac{1}{2}(e^{j(2\omega_0 t+\pi/4)}+e^{-j(2\omega_0 t+\pi/4)})$$

$$=1+\left(1+\frac{1}{2j}\right)e^{j\omega_0 t}+\left(1-\frac{1}{2j}\right)e^{-j\omega_0 t}+\left(\frac{1}{2}e^{j\pi/4}\right)e^{j2\omega_0 t}+\left(\frac{1}{2}e^{-j\pi/4}\right)e^{-j2\omega_0 t}$$

この結果より

$$c_0=1,\quad c_1=1+\frac{1}{2j},\quad c_{-1}=1-\frac{1}{2j},\quad c_2=\frac{1}{2}e^{j\pi/4}=\frac{\sqrt{2}\,(1+j)}{4},$$

$$c_{-2}=\frac{1}{2}e^{-j\pi/4}=\frac{\sqrt{2}\,(1-j)}{4},\quad c_k=0 \quad (|k|>2)$$

となっていることがわかる。　■

3.3.2 ギブスの現象

いま,図 3.5 で示される方形波の周期信号

$$x(t) = \begin{cases} 1 & (|t| < T_1) \\ 0 & \left(T_1 < |t| \leq \dfrac{T_0}{2} \right) \end{cases}$$

について考える。

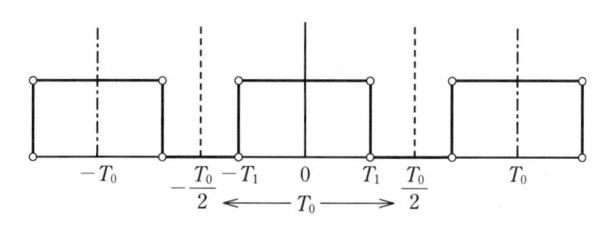

図 3.5 方形波の周期信号

この波形のフーリエ級数のスペクトルは,以下のようになっている。

$$c_0 = \frac{1}{T_0} \int_{-T_1}^{T_1} dt = \frac{2T_1}{T_0}$$

$k \neq 0$ のときは

$$c_k = \frac{1}{T_0} \int_{-T_1}^{T_1} e^{-jk\omega_0 t} dt = \left[\frac{1}{-jk\omega_0 T_0} e^{-jk\omega_0 t} \right]_{-T_1}^{T_1} = \frac{\sin k\omega_0 T_1}{k\pi}$$

($\omega_0 T_0 = 2\pi$ に注意)

ここで,$T_0/4 = T_1$ の場合を考える。このとき,k が偶数($\neq 0$)の場合には $c_k = 0$ となるので,k が奇数の場合だけを考えればよい。すなわち

$$c_0 = \frac{1}{2}$$

$$c_1 = \frac{\sin(\omega_0 T_1/4)}{\pi} = \frac{1}{\pi}, \quad c_{-1} = \frac{\sin(-\omega_0 T_0/4)}{-\pi} = \frac{1}{\pi}$$

同様に

$$c_3 = c_{-3} = \frac{-1}{3\pi}, \quad c_5 = c_{-5} = \frac{1}{5\pi}, \quad \cdots, \quad c_{2k+1} = c_{-(2k+1)} = \frac{(-1)^k}{(2k+1)\pi}$$

これから,もとの $x(t)$ を求めると,次式のようになる。

$$x_N(t) = \sum_{k=-N}^{N} c_k e^{jk\omega_0 t} = c_0 + \sum_{k=1}^{N}(c_k e^{jk\omega_0 t} + c_{-k} e^{-jk\omega_0 t})$$

$$= \frac{1}{2} + \sum_{k=1}^{(N-1)/2} \frac{2}{\pi} \cdot \frac{(-1)^k}{2k+1} \cos(2k+1)\omega_0 t \qquad (3.5)$$

この式を具体的に表すと図 3.6 のようになる。

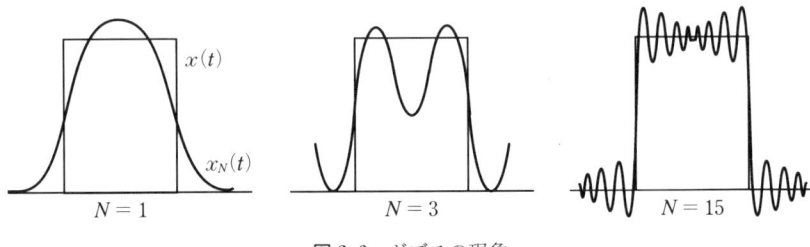

図 3.6　ギブスの現象

　この図から，N の値を大きくとると式（3.5）は方形波に近づくが，リップルが生じ，不連続点に向かって圧縮されていくことがわかる。しかし，N が有限値である限り，リップルの最大振幅は，ある一定値をとることがわかっている。このことを**ギブスの現象**（Gibbs' phenomenon）と呼んでいる。もちろん，$N \to \infty$ になると，$x_N(t)$ は $x(t)$ に限りなく近くなってくる（実際に計算機で式（3.5）を計算して，確認してみよう）。

3.4　フーリエ級数とフーリエ変換

　フーリエ級数が周期信号のスペクトルを求めるのに用いられるのに対して，本節では，非周期信号のスペクトルを求める方法，すなわちフーリエ変換について説明する。

3.4.1　フーリエ変換

　まず，図 3.7 に示されるように，非周期関数 $x(t)$ は，周期関数 $\tilde{x}(t)$ の周期 T_0 を無限に延長したもの，つまり

$$x(t) = \lim_{T_0 \to \infty} \tilde{x}(t)$$

3.4 フーリエ級数とフーリエ変換

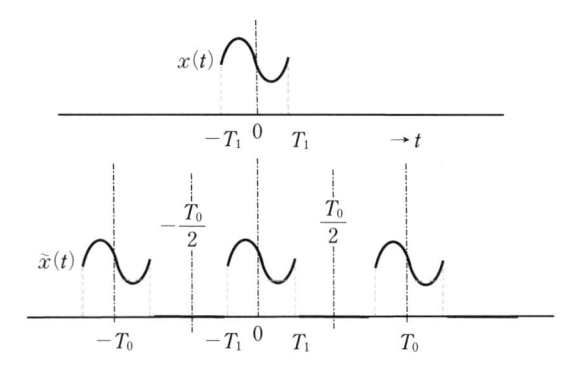

図 3.7 非周期関数 $x(t)$ と周期関数 $\tilde{x}(t)$

としてとらえることができる。

ところで，$\tilde{x}(t)$ のフーリエ級数展開を求めてみると

$$\tilde{x}(t) = \sum_{k=-\infty}^{+\infty} c_k e^{jk\omega_0 t}$$

$$c_k = \frac{1}{T_0} \int_{-T_0/2}^{T_0/2} \tilde{x}(t) e^{-jk\omega_0 t} dt$$

となるが，$|t| < T_0/2$ では，もちろん $\tilde{x}(t) = x(t)$ となっていることに注意しよう。このとき，つぎの関係が成立していることは明らかである。

$$c_k = \frac{1}{T_0} \int_{-T_0/2}^{T_0/2} \tilde{x}(t) e^{-jk\omega_0 t} dt = \frac{1}{T_0} \int_{-\infty}^{\infty} x(t) e^{-jk\omega_0 t} dt$$

いま，$X(\omega) = \int_{-\infty}^{+\infty} x(t) e^{-j\omega t} dt$ とおくと（この $X(\omega)$ を $x(t)$ の**フーリエ変換**（Fourier transform）と呼ぶ），c_k は次式のように表現できる。

$$c_k = \frac{1}{T_0} X(k\omega_0)$$

この段階で，周期関数 $\tilde{x}(t)$ は

$$\tilde{x}(t) = \sum_{k=-\infty}^{+\infty} c_k e^{jk\omega_0 t} = \sum_{k=-\infty}^{+\infty} \frac{1}{T_0} X(k\omega_0) e^{jk\omega_0 t}$$

と表されることがわかる。$2\pi/T_0 = \omega_0$ であることを思い起こせば，上式は

$$\tilde{x}(t) = \frac{1}{2\pi} \sum_{k=-\infty}^{+\infty} \omega_0 X(k\omega_0) e^{jk\omega_0 t}$$

となる。ここで，$T \to \infty$，すなわち，$\omega_0 \to 0$ とすると

$$x(t) = \lim_{\omega_0 \to 0} \tilde{x}(t) = \frac{1}{2\pi} \lim_{\omega_0 \to 0} \sum_{k=-\infty}^{+\infty} \omega_0 X(k\omega_0) e^{jk\omega_0 t} = \frac{1}{2\pi} \int_{-\infty}^{\infty} X(\omega) e^{j\omega t} d\omega$$
(3.6)

が導かれる（図 3.8）。

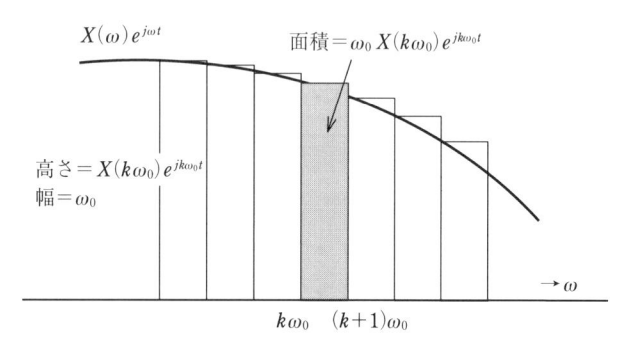

図 3.8 式 (3.6) の説明

　これが，非周期信号 $x(t)$ とそのスペクトル $X(\omega)$ との関係を与える**フーリエ逆変換**（inverse Fourier transform）である。以上をまとめると次式のようになる。

定義 3.2　フーリエ変換対（Fourier transform pair）

$$X(\omega) = \int_{-\infty}^{+\infty} x(t) e^{-j\omega t} dt \quad \text{（フーリエ変換）} \tag{3.7a}$$

$$x(t) = \frac{1}{2\pi} \int_{-\infty}^{+\infty} X(\omega) e^{j\omega t} d\omega \quad \text{（フーリエ逆変換）} \tag{3.7b}$$

例題 3.3

以下の関数のフーリエ変換を求めなさい。

（1）　$x(t) = e^{-at} u(t) \quad (a > 0)$

（2）　$x(t) = e^{-a|t|} \quad (a > 0)$

[解答]　（1）この関数は，$t > 0$ で $x(t)$ が存在するので，フーリエ変換は以下のようにして求まる。

$$X(\omega)=\int_0^\infty e^{-at}e^{-j\omega t}dt=\left[\frac{-1}{a+j\omega}e^{-(a+j\omega)t}\right]_0^\infty=\frac{1}{a+j\omega}$$

（2） $X(\omega)=\int_{-\infty}^{+\infty} e^{-a|t|}e^{-j\omega t}dt=\int_{-\infty}^{0} e^{at}e^{-j\omega t}dt+\int_{0}^{+\infty} e^{-at}e^{-j\omega t}dt$

$$=\frac{1}{a-j\omega}+\frac{1}{a+j\omega}=\frac{2a}{a^2+\omega^2}$$

∎

3.4.2 インパルス信号 $\delta(t)$ のフーリエ変換

$x(t)=\delta(t)$ のフーリエ変換 $X(\omega)$ は，フーリエ変換の公式を用いて，以下のようにして求めることができる。

$$X(\omega)=\int_{-\infty}^{\infty}\delta(t)e^{-j\omega t}dt=\int_{-\infty}^{\infty}\delta(t)dt=1 \tag{3.8}$$

今度は反対に，$X(\omega)$ から，フーリエ逆変換の公式を用いてもとの時間信号を求めると，$x(t)=\delta(t)$ となることを確認してみよう。

まず，フーリエ逆変換の公式（3.7b）に $X(\omega)=1$ を代入する。

$$x(t)=\frac{1}{2\pi}\int_{-\infty}^{+\infty} e^{j\omega t}d\omega=\frac{1}{2\pi}\lim_{\omega_0\to\infty}\int_{-\omega_0}^{\omega_0}e^{j\omega t}d\omega=\frac{1}{2\pi}\lim_{\omega_0\to\infty}\left[\frac{e^{j\omega t}}{jt}\right]_{-\omega_0}^{\omega_0}$$

$$=\frac{1}{2\pi}\lim_{\omega_0\to\infty}\frac{e^{j\omega_0 t}-e^{-j\omega_0 t}}{jt}=\lim_{\omega_0\to\infty}\frac{\omega_0}{\pi}\cdot\frac{\sin\omega_0 t}{\omega_0 t}$$

ここで，つぎの関数について考えてみよう。

$$\frac{\omega_0}{\pi}\cdot\frac{\sin\omega_0 t}{\omega_0 t}$$

この関数は，**図 3.9** に示されるように，$\omega_0\to\infty$ とするとき，$t=0$ では，振幅 ω_0/π が∞に，そのパルス幅 $2\pi/\omega_0$ は 0 に近づくことがわかる。

つぎに，この波形の面積がどうなるのかを調べてみよう。その前に，以下の積分について考えてみる。

$$I(a)=\int_0^\infty \frac{e^{-ax}\sin x}{x}dx \quad (a>0)$$

両辺を a で微分する。

$$\frac{dI(a)}{da}=-\int_0^\infty e^{-ax}\sin x\,dx=-\left[\frac{e^{-ax}}{1+a^2}(-a\sin x-\cos x)\right]_0^\infty=-\frac{1}{1+a^2}$$

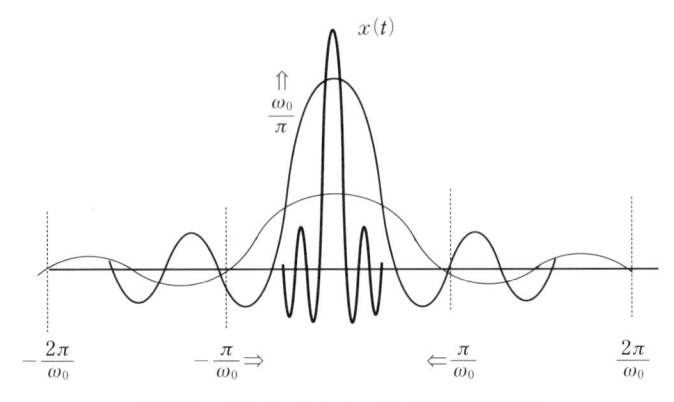

図 3.9　$X(\omega)=1$ のフーリエ逆変換の説明

$$\therefore \quad I(\alpha)=C-\tan^{-1}\alpha$$

ここで，$I(\infty)=0=C-\tan^{-1}(\infty)=C-\pi/2$ より，$C=\pi/2$ を得る．したがって

$$I(\alpha)=\frac{\pi}{2}-\tan^{-1}\alpha$$

となる．$\alpha=0$ での $I(0)$ の値は，以下のようになる．

$$I(0)=\int_0^\infty \frac{\sin x}{x}dx=\frac{\pi}{2}$$

以上より，$x(t)$ の面積は

$$\int_{-\infty}^{\infty}\lim_{\omega_0\to\infty}\frac{\omega_0}{\pi}\cdot\frac{\sin\omega_0 t}{\omega_0 t}dt=\frac{1}{\pi}\left(\int_{-\infty}^0 \frac{\sin x}{x}dx+\int_0^\infty \frac{\sin x}{x}dx\right)=\frac{1}{\pi}\left(\frac{\pi}{2}+\frac{\pi}{2}\right)$$
$$=1$$

となる．すなわち，インパルス信号 $\delta(t)$ は，面積が 1 で，$t=0$ において振幅は ∞ で，そのパルス幅は 0 に近づく．

3.4.3　方形波のフーリエ変換

図 3.10 の方形波 $x(t)$ について考える．

$$x(t)=\begin{cases} 1 & (|t|<T) \\ 0 & (|t|>T) \end{cases}$$

このフーリエ変換 $X(\omega)$ は，以下のようにして求まる．

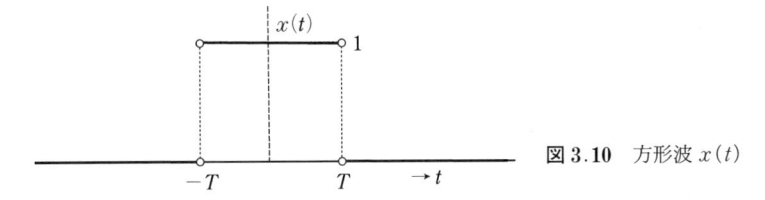

3.4 フーリエ級数とフーリエ変換

図 3.10 方形波 $x(t)$

$$X(\omega) = \int_{-\infty}^{+\infty} x(t) e^{-j\omega t} dt = \int_{-T}^{T} e^{-j\omega t} dt = \left[\frac{e^{-j\omega t}}{-j\omega}\right]_{-T}^{T}$$

$$= \frac{e^{-j\omega T} - e^{j\omega T}}{-j\omega} = \frac{2\sin \omega T}{\omega}$$

はたして，この $X(\omega)$ をフーリエ逆変換するともとの方形波 $x(t)$ に戻るのか．これを確認する前に，つぎの二つの準備を行う．

準備 1 $h(t)$ のフーリエ変換が $H(\omega)$ のとき，$H(t)/2\pi$ のフーリエ変換は，$h(-\omega)$ となる．このことは以下のようにして導かれる．

$$h(t) = \frac{1}{2\pi} \int_{-\infty}^{+\infty} H(\omega) e^{j\omega t} d\omega$$

であるから，$t \to \omega, \omega \to t$ と書き換えると，次式となる．

$$h(\omega) = \frac{1}{2\pi} \int_{-\infty}^{+\infty} H(t) e^{jt\omega} dt$$

$$\therefore \quad h(-\omega) = \frac{1}{2\pi} \int_{-\infty}^{+\infty} H(t) e^{-jt\omega} dt = \int_{-\infty}^{+\infty} \left(\frac{H(t)}{2\pi}\right) e^{-jt\omega} dt$$

この関係式は，$H(t)/2\pi$ のフーリエ変換が $h(-\omega)$ であることを表している．

準備 2 $h_T(t) = \sin Tt / \pi t$ のフーリエ変換 $H_T(\omega)$ を求めてみよう．

$$H_T(\omega) = \int_{-\infty}^{\infty} h_T(t) e^{-j\omega t} dt = \int_{-\infty}^{+\infty} \frac{1}{2\pi} \left(\frac{2\sin Tt}{t}\right) e^{-jt\omega} dt$$

$$= \int_{-\infty}^{\infty} \frac{X(t)}{2\pi} e^{-j\omega t} dt$$

ここで，準備 1 の結果を用いると

$$H_T(\omega) = x(-\omega) = x(\omega) = \begin{cases} 1 & (|\omega| < T) \\ 0 & (|\omega| > T) \end{cases}$$

となる．これは図 3.11 に示されるように，**理想低域通過フィルタ**（ideal low-pass filter）と呼ばれる周波数特性である．

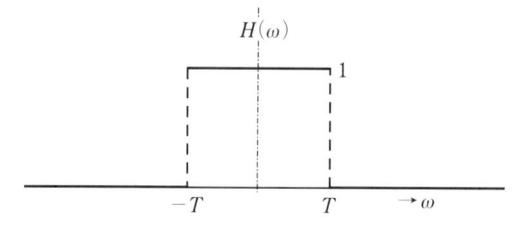

50   3. 連続時間の信号とシステムにおけるフーリエ解析

図 3.11 理想低域通過フィルタの周波数特性

以上の準備のもとに，本題に戻ろう。方形波のフーリエ変換 $X(\omega)$ をフーリエ逆変換する。

$$\frac{1}{2\pi}\int_{-\infty}^{\infty} X(\omega)e^{j\omega t}d\omega = \frac{1}{2\pi}\int_{-\infty}^{\infty} \frac{2\sin\omega T}{\omega}e^{j\omega t}d\omega \tag{3.9}$$

ここで，準備 2 で得られた結果において，$t=-t'$ と考えることにより

$$\int_{-\infty}^{\infty}\frac{2\sin Tt}{2\pi t}e^{j\omega t}dt = \begin{cases} 1 & (|\omega|<T) \\ 0 & (|\omega|>T) \end{cases}$$

を得る。この式で，$t\to\omega$，$\omega\to t$ と変数を交換し，式 (3.9) に適用すると

$$\frac{1}{2\pi}\int_{-\infty}^{\infty} X(\omega)e^{j\omega t}d\omega = x(t) = \begin{cases} 1 & (|t|<T) \\ 0 & (|t|>T) \end{cases}$$

となり，たしかにもとの方形波に戻っていることがわかる。

3.5 周期信号と連続時間のフーリエ変換

本節では，まず，図 3.7 に示されるような周期信号 $\tilde{x}(t)$ のフーリエ級数とその 1 周期分 T_0 に等しい非周期信号 $x(t)$ のフーリエ変換 $X(\omega)$ との関係について考えてみよう。

$$x(t) = \begin{cases} \tilde{x}(t) & (|t|<T_0/2) \\ 0 & (|t|>T_0/2) \end{cases}$$

このとき，$\tilde{x}(t)$ のフーリエ展開係数 c_k を求めると

$$c_k = \frac{1}{T_0}\int_{-T_0/2}^{T_0/2}\tilde{x}(t)e^{-jk\omega_0 t}dt = \frac{1}{T_0}\int_{-T_0/2}^{T_0/2}x(t)e^{-jk\omega_0 t}dt = \frac{1}{T_0}\int_{-\infty}^{\infty}x(t)e^{-jk\omega_0 t}dt$$

$$= \frac{1}{T_0}X(k\omega_0)$$

3.5 周期信号と連続時間のフーリエ変換　　51

となり，すなわち，$\tilde{x}(t)$ のフーリエ展開係数 c_k は，$x(t)$ のフーリエ変換 $X(\omega)$ を T_0 で割った標本値に等しいことがわかる。

3.5.1 フーリエ変換とフーリエ級数との違い

図 3.12 に示される三つの波形について考えてみよう。この図において，$\tilde{x}(t)$ は周期 T_0 の周期信号，$x_1(t)$ は $\tilde{x}(t)$ を $[-T_0/2,\ T_0/2]$ の1周期区間で切り出した非周期信号，$x_2(t)$ は $\tilde{x}(t)$ を $[0,\ T_0]$ の1周期区間で切り出した非周期信号である。

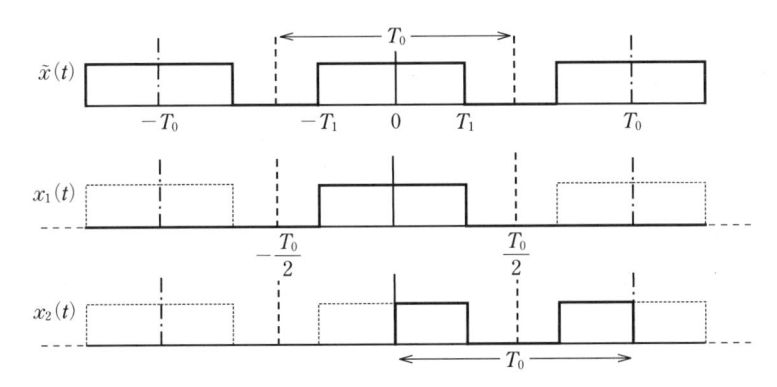

図 3.12　周期信号 $\tilde{x}(t)$ と非周期信号 $x_1(t)$，$x_2(t)$

ここで，$x_1(t)$ のフーリエ変換 $X_1(\omega)$ は

$$X_1(\omega) = \int_{-\infty}^{\infty} x_1(t)\, e^{-j\omega t} dt = \int_{-T_1}^{T_1} e^{-j\omega t} dt = \frac{2 \sin \omega T_1}{\omega}$$

となる。一方，$x_2(t)$ のフーリエ変換 $X_2(\omega)$ は

$$X_2(\omega) = \int_{-\infty}^{\infty} x_2(t)\, e^{-j\omega t} dt = \int_0^{T_1} e^{-j\omega t} dt + \int_{T_0-T_1}^{T_0} e^{-j\omega t} dt$$

$$= \frac{2}{\omega} \sin\left(\frac{\omega T_1}{2}\right) [e^{-j(\omega T_1/2)} + e^{-j\omega(T_0 - T_1/2)}]$$

となり，明らかに

$$X_1(\omega) \neq X_2(\omega)$$

である。しかし，ここで $\omega = k\omega_0$ とおくと，$\omega_0 T_0 = 2\pi$ より

52   3. 連続時間の信号とシステムにおけるフーリエ解析

$$X_2(k\omega_0) = \frac{2}{k\omega_0}\sin\left(\frac{k\omega_0 T_1}{2}\right)[e^{-j(k\omega_0 T_1/2)} + e^{-jk\omega_0(T_0-T_1/2)}]$$

$$= \frac{4}{k\omega_0}\sin\left(\frac{k\omega_0 T_1}{2}\right)\cos\left(\frac{k\omega_0 T_1}{2}\right) = \frac{2}{k\omega_0}\sin k\omega_0 T_1 = X_1(k\omega_0)$$

となることがわかる。すなわち、フーリエ級数は、1周期分の長さで時間窓をどこにとっても、その値は変化しないが、フーリエ変換ではその値は異なる。振幅成分は一致するが、位相成分は一致しない。

3.5.2 周期信号のフーリエ変換

周期信号 $x(t)$ に直接フーリエ変換を施すとどのようになるかを考えてみよう。

$$x(t) = \sum_{k=-\infty}^{\infty} c_k e^{jk\omega_0 t} = \sum_{k=-\infty}^{\infty} c_k \int_{-\infty}^{\infty} \delta(\omega - k\omega_0) e^{j\omega t} d\omega$$

$$= \int_{-\infty}^{\infty} \sum_{k=-\infty}^{\infty} c_k \delta(\omega - k\omega_0) e^{j\omega t} d\omega$$

ここで

$$X(\omega) = \sum_{k=-\infty}^{\infty} 2\pi c_k \delta(\omega - k\omega_0) \tag{3.10}$$

とおくと

$$x(t) = \frac{1}{2\pi}\int_{-\infty}^{\infty} X(\omega) e^{j\omega t} d\omega$$

となり、$x(t)$ が $X(\omega)$ の逆フーリエ変換で与えられることがわかる。フーリエ級数のスペクトル c_k に 2π を乗じて、周波数軸上で ω_0 ごとに配列したものがフーリエ変換になっていることを示している。

つぎに、標本化システムを解析するときにきわめて役立つ信号

$$x(t) = \sum_{n=-\infty}^{\infty} \delta(t - nT)$$

について考える。これは、**図 3.13** に示されるように、インパルス信号 $\delta(t)$ を T ごとに並べた周期信号である。

この信号のフーリエ級数のスペクトルは

$$c_k = \frac{1}{T}\int_{-T/2}^{T/2} \delta(t) e^{-jk\omega_0 t} dt = \frac{1}{T} \tag{3.11}$$

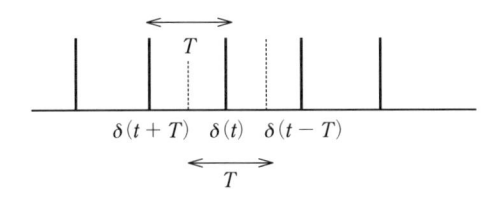

図 3.13　時間領域のインパルス信号 $\delta(t)$ の周期信号

となる．したがって，$x(t)$ のフーリエ変換 $X(\omega)$ は，式 (3.11) を用いて

$$X(\omega) = \sum_{k=-\infty}^{\infty} 2\pi c_k \delta(\omega - k\omega_0) = \frac{2\pi}{T} \sum_{k=-\infty}^{\infty} \delta(\omega - k\omega_0)$$

$$= \frac{2\pi}{T} \sum_{k=-\infty}^{\infty} \delta\left(\omega - \frac{2\pi k}{T}\right) \tag{3.12}$$

と導かれる．この結果より，時間領域のインパルスの間隔 T が長くなると，周波数領域の δ 関数の間隔（基本周波数）が短くなることがわかる（図 3.14 参照）．つまり，時間領域でのインパルスの間隔が短くなるということは，周波数間隔が増大することを意味している．

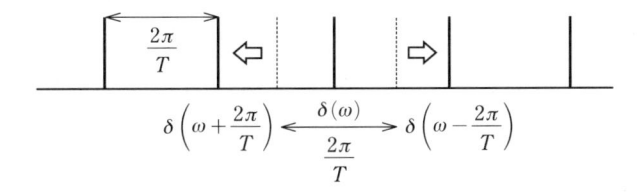

図 3.14　周波数領域のインパルス関数 $\delta(\omega)$ の周期信号

3.6　連続時間のフーリエ変換の諸性質

以下に，連続時間におけるフーリエ変換の重要な性質を列挙しておく．いくつかの性質を除いては，証明を示していないが，これらについては各自で行っていただきたい．なお，$x(t)$ と $X(\omega)$ がフーリエ変換対であることを表すために，$x(t) \Leftrightarrow X(\omega)$ なる表記を用いることにする．

1）　**線形性**　　$x_1(t) \Leftrightarrow X_1(\omega)$, $x_2(t) \Leftrightarrow X_2(\omega)$ ならば，$ax_1(t) + bx_2(t) \Leftrightarrow aX_1(\omega) + bX_2(\omega)$

2) 共役性

　i) $x(t)$ が実数値の関数（実関数）の場合，$X(\omega) = X^*(-\omega)$（対称共役と呼ぶ）である。

【証明】 時間関数 $x(t) = x_1(t) + jx_2(t)$ がそのフーリエ変換 $X(\omega) = R(\omega) + jI(\omega)$ にどのように対応しているのかを調べてみる。

$$X(\omega) = \int_{-\infty}^{\infty} (x_1(t) + jx_2(t)) e^{-j\omega t} dt$$

$$= \int_{-\infty}^{\infty} (x_1(t) + jx_2(t))(\cos \omega t - j \sin \omega t) dt$$

この周波数関数の実数部 $R(\omega)$ と虚数部 $I(\omega)$ は，次式のようになっている。

$$R(\omega) = \int_{-\infty}^{\infty} (x_1(t) \cos \omega t + x_2(t) \sin \omega t) dt$$

$$I(\omega) = \int_{-\infty}^{\infty} (-x_1(t) \sin \omega t + x_2(t) \cos \omega t) dt$$

これより，$x(t)$ が実関数であるならば（$x(t) = x_1(t)$, $x_2(t) = 0$）

$$R(\omega) = \int_{-\infty}^{\infty} x_1(t) \cos \omega t dt \Rightarrow R(\omega) = R(-\omega) : 偶関数$$

$$I(\omega) = \int_{-\infty}^{\infty} (-x_1(t) \sin \omega t) dt \Rightarrow I(\omega) = -I(-\omega) : 奇関数$$

であるから，$X(\omega) = X^*(-\omega)$ は明らか。

　ii) $x(t)$ が実関数で，しかも偶関数 $x(t) = x(-t)$ の場合，$X(\omega)$ は実数部のみで偶関数である。

【証明】
$$X(-\omega) = \int_{-\infty}^{\infty} x(t) e^{-j(-\omega t)} dt = \int_{-\infty}^{\infty} x(-t) e^{j\omega t} dt$$

$$= \int_{-\infty}^{\infty} x(\tau) e^{-j\omega \tau} d\tau = X(\omega)$$

また，i) の $X(\omega) = X^*(-\omega)$ より，$X(\omega) = X^*(\omega)$ であるので，$X(\omega) = R(\omega)$ が導かれる。

　iii) $x(t)$ が実関数で，しかも奇関数 $x(t) = -x(-t)$ の場合，$X(\omega)$ は虚数部のみで奇関数である。

3.6 連続時間のフーリエ変換の諸性質

【証明】

$$X(-\omega) = \int_{-\infty}^{\infty} x(t) e^{j\omega t} dt = \int_{-\infty}^{\infty} -x(-t) e^{j\omega t} dt$$

$$= \int_{\infty}^{-\infty} x(\tau) e^{-j\omega \tau} d\tau = \int_{-\infty}^{\infty} -x(\tau) e^{-j\omega \tau} d\tau = -X(\omega)$$

また, $X(-\omega) = X^*(\omega)$ より, $-X(\omega) = X^*(\omega)$ であるので, $X(\omega) = I(\omega)$ が導かれる。

3) 時間シフト　　$x(t) \Leftrightarrow X(\omega)$ のとき, $x(t-t_0) \Leftrightarrow X(\omega) e^{-j\omega t_0}$ である。

【証明】 $\int_{-\infty}^{\infty} x(t-t_0) e^{-j\omega t} dt = \int_{-\infty}^{\infty} x(\tau) e^{-j\omega(t_0+\tau)} d\tau = e^{-j\omega t_0} X(\omega)$

4) 周波数シフト　　$x(t) e^{j\omega_0 t} \Leftrightarrow X(\omega - \omega_0)$

5) 時間微分　　$\dfrac{d^n x(t)}{dt^n} \Leftrightarrow (j\omega)^n X(\omega)$

6) 周波数微分　　$\dfrac{d^n X(\omega)}{d\omega^n} \Leftrightarrow (-jt)^n x(t)$

7) 時間と周波数の比例増減性　　$x(at) \Leftrightarrow \dfrac{1}{|a|} X\left(\dfrac{\omega}{a}\right)$

8) 共役関数　　$x^*(t) \Leftrightarrow X^*(-\omega)$

9) 時間積分　　$\int_{-\infty}^{t} x(\tau) d\tau \Leftrightarrow \dfrac{1}{j\omega} X(\omega) + \pi X(0) \delta(\omega)$

10) パーセバルの定理　　$\int_{-\infty}^{\infty} |x(t)|^2 dt = \dfrac{1}{2\pi} \int_{-\infty}^{\infty} |X(\omega)|^2 d\omega$

【証明】

$$\int_{-\infty}^{\infty} |x(t)|^2 dt = \int_{-\infty}^{\infty} x(t) x^*(t) dt = \int_{-\infty}^{\infty} x(t) \left(\dfrac{1}{2\pi} \int_{-\infty}^{\infty} X^*(\omega) e^{-j\omega t} d\omega \right) dt$$

$$= \dfrac{1}{2\pi} \int_{-\infty}^{\infty} X^*(\omega) \left(\int_{-\infty}^{\infty} x(t) e^{-j\omega t} dt \right) d\omega$$

$$= \dfrac{1}{2\pi} \int_{-\infty}^{\infty} X^*(\omega) X(\omega) d\omega = \dfrac{1}{2\pi} \int_{-\infty}^{\infty} |X(\omega)|^2 d\omega$$

11) 畳込みに関する性質　　$y(t) = \int_{-\infty}^{\infty} x(\tau) h(t-\tau) d\tau \Leftrightarrow H(\omega) X(\omega)$

12) 変調に関する性質　　$r(t) = s(t) p(t) \Leftrightarrow R(\omega) = \dfrac{1}{2\pi} (S(\omega) * P(\omega))$

演 習 問 題

【1】 下記の各信号のフーリエ級数表現を求めよ。
(1) $x(t)$ は周期1の周期信号であり，かつ $x(t) = e^{-2t}$, $-1/2 < t < 1/2$
(2) $x(t) = (1 + 2\sin 2\pi t)(\sin(10\pi t + \pi/4))$ （周期1の周期信号）
(3) $x(t)$ は周期2の周期信号で，かつ
$$x(t) = \begin{cases} (1-t) + \cos 2\pi t & (0 < t < 1) \\ 1 + \cos 2\pi t & (1 < t < 2) \end{cases}$$
(4) $x(t)$ は周期4の周期信号で，かつ
$$x(t) = \begin{cases} \cos \pi t & (0 \leq t \leq 2) \\ 0 & (2 \leq t \leq 4) \end{cases}$$

【2】 交流信号を全波整流することにより，直流電源を得ることができる。つまり，信号 $x(t)$ を $y(t) = |x(t)|$ という出力を生じるシステムに入力すればよい。
(1) $x(t) = \cos 2t$ として，入力と出力の波形を描け。また，入力と出力の基本周期を求めよ。
(2) $x(t) = \cos 2t$ として，出力 $y(t)$ のフーリエ級数の係数を求めよ。
(3) 入力信号の直流成分の振幅を求めよ。また，出力信号の直流成分の振幅も求めよ。

【3】 固有関数の概念は，LTIシステムの研究上，きわめて重要なものである。線形ではあるが時変のシステムに対しても同様である。具体的に，入力が $f(t)$，出力が $g(t)$ であるシステムを考える。もし，$\phi(t) \to \lambda \phi(t)$ が成立するならば，信号 $\phi(t)$ は，そのシステムの固有関数であるという。すなわち，もし，$f(t) \to \phi(t)$ ならば，$g(t) \to \lambda \phi(t)$ である。ただし，複素定数 λ は，$\phi(t)$ に付随する固有値と呼ばれる。
(1) システムへの入力 $x(t)$ を固有関数 $\phi_k(t)$ の線形結合として表すことができる。すなわち
$$f(t) = \sum_{k=-\infty}^{\infty} c_k \phi_k(t)$$
であるとして，出力 $g(t)$ を c_k, $\phi_k(t)$ および λ_k を用いて表せ。ただし，λ_k は $\phi_k(t)$ に付随する固有値である。
(2) つぎの微分方程式
$$g(t) = t^2 \frac{d^2 f(t)}{dt^2} + t \frac{df(t)}{dt}$$

で特性が表されているシステムがある．このシステムが線形かどうかを判別せよ．また，時不変であるかどうかについても判別せよ．
（3） 関数 $\phi_k(t)=t^k$ の集合が（2）のシステムの固有関数であることを示せ．また，それぞれの $\phi_k(t)$ について，対応する固有値 λ_k を求めよ．
（4） このシステムで，入力が $f(t)=8t^{-8}+4t+t^5/5+\pi$ のときの出力を求めよ．

【4】 インパルス応答 $h(t)=e^{-4t}u(t)$ を持つ LTI システムを考える．フーリエ級数表現を用いて，以下の入力に対する出力を求めよ．
（1） $x(t)=\sin 2\pi t$
（2） $x(t)=\cos 2\pi t+\sin\left(8\pi t+\dfrac{\pi}{2}\right)$
（3） $x(t)=\sum\limits_{n=-\infty}^{\infty}\delta(t-n)$

【5】（1） 連続時間の周期信号 $x(t)$（周期 T）のフーリエ級数
$$x(t)=\sum_{k=-\infty}^{\infty}c_k e^{jk(2\pi/T)t}$$
において，偶数の k に対して，$c_k=0$ ならば，$x(t)$ は奇の調和（odd harmonic）であるという．
（a） $x(t)$ が奇の調和であれば，$x(t)=-x(t+T/2)$ であることを示せ．
（b） $x(t)$ が（a）の関係式を満足すれば，$x(t)$ は奇の調和にあることを示せ．
（2） $x(t)$ が周期 2 の奇の調和にある周期信号で，$x(t)=2t$，$0<t<1$ とする．$x(t)$ を描き，そのフーリエ級数の係数を求めよ．

【6】 以下の $x(t)$ は，正弦-余弦形のフーリエ級数表現を持つ実数の周期信号とする．
$$x(t)=a_0+\sum_{k=1}^{\infty}[F_k\cos k\omega_0 t+G_k\sin k\omega_0 t]$$
（1） $x(t)$ の偶成分と奇成分の指数関数形のフーリエ級数表現を求めよ．すなわち
$$Ev[x(t)]=\sum_{k=-\infty}^{\infty}\alpha_k e^{jk\omega_0 t},\quad Od[x(t)]=\sum_{k=-\infty}^{\infty}\beta_k e^{jk\omega_0 t}$$
であるような係数 α_k と β_k を上式の F_k と G_k の係数を用いて表せ．
（2）（1）の α_k と α_{-k} との関係を求めよ．また，β_k と β_{-k} との関係も求めよ．

【7】 この問題では，連続時間のフーリエ変換における二つの重要な性質（変調に関する性質とパーセバルの定理）にフーリエ級数において対応するもの

を導く．$f(t)$ と $g(t)$ は周期 T_0 の連続時間の周期信号で，それぞれ次式のフーリエ級数表現を有しているものとする．

$$f(t)=\sum_{k=-\infty}^{\infty}\alpha_k e^{jk\omega_0 t}, \quad g(t)=\sum_{k=-\infty}^{\infty}\beta_k e^{jk\omega_0 t} \tag{3.13}$$

（1）信号 $h(t)=f(t)g(t)=\sum_{k=-\infty}^{\infty}\gamma_k e^{jk\omega_0 t}$ のフーリエ級数が離散的畳込み

$$\gamma_k=\sum_{n=-\infty}^{\infty}\alpha_n\beta_{k-n}$$

で与えられることを示せ．

（2）式（3.13）の $g(t)$ が $f^*(t)$ に等しいとしよう．式（3.13）の β_k を α_k を用いて表せ．（1）の結果を用いて，周期信号に対する次式で与えられるパーセバルの定理を証明せよ．

$$\frac{1}{T_0}\int_0^{T_0}|f(t)|^2 dt=\sum_{k=-\infty}^{\infty}|\alpha_k|^2$$

【8】$\int_{T_1}^{T_2}x(t)y^*(t)dt=0$ が成立するとき，二つの時間関数 $x(t)$ と $y(t)$ は，区間 (T_1, T_2) に関して直交しているという．さらに，$\int_{T_1}^{T_2}|x(t)|^2 dt=1=\int_{T_1}^{T_2}|y(t)|^2 dt$ であるならば，正規化しているという．したがって，$x(t)$ と $y(t)$ は，区間 (T_1, T_2) に関して正規直交しているといわれる．ある関数の集合 $\{\varphi_k(t)\}$ において，関数すべての対が直交（正規直交）しているならば，$\{\varphi_k(t)\}$ は直交（正規直交）集合であるという．

（1）区間 $(0, T)$ で関数 $\sin m\omega_0 t$ と $\sin n\omega_0 t$ とは直交するか．ただし，$T_0=2\pi/\omega_0$ である．また正規直交であるか．

（2）関数 $\varphi_k(t)=(1/\sqrt{T_0})e^{jk\omega_0 t}$ の集合が，長さ $T_0=2\pi/\omega_0$ のどのような区間についても直交していることを示せ．また，$\varphi_k(t)$ は，正規直交でもあるか．

【9】以下の信号のフーリエ変換をそれぞれ求めよ．

（1）$[e^{-at}\sin\omega_0 t]u(t) \quad (a>0)$　（2）$e^{-3t}[u(t+1)-u(t-2)]$

（3）$x(t)=\begin{cases}1+\sin\pi t & (|t|\leq 1)\\ 0 & (|t|>1)\end{cases}$

【10】以下のフーリエ変換に対応する連続時間の信号をそれぞれ求めよ．

（1）$X(\omega)=2\sin[4(\omega-2\pi)]/(\omega-2\pi)$　（2）$X(\omega)=\sin(4\omega+\pi/4)$

（3）$X(\omega)=4\pi[\delta(\omega-4)-\delta(\omega+4)]+2\pi[\delta(\omega-3\pi)+\delta(\omega+3\pi)]$

【11】（1）$y(-t)=y^*(t)$ のとき，$y(t)$ のフーリエ変換はどのような性質を有するか．

（2）入力が $x(t)$ のとき，出力が $y(t)\,\text{Im}[x(t)]$ であるようなシステム

がある。$y(t)$ のフーリエ変換 $Y(\omega)$ を $x(t)$ のフーリエ変換 $X(\omega)$ を用いて表せ。

（3） 次式（パーセバルの定理の一般化）が成立することを示せ。ただし，$x(t)$，$y(t)$ のフーリエ変換をそれぞれ，$X(\omega)$，$Y(\omega)$ とする。

$$\int_{-\infty}^{\infty} x(t)\, y^*(t)\, dt = \frac{1}{2\pi} \int_{-\infty}^{\infty} X(\omega)\, Y^*(\omega)\, d\omega$$

（4） $x(t)$ は与えられた信号で，そのフーリエ変換を $X(\omega)$ とする。また，信号 $g(t)$ を

$$g(t) = \frac{d^2 x(t)}{dt^2}$$

で定義しておく。ここで

$$X(\omega) = \begin{cases} \omega^2 & (|\omega| \leq 1) \\ 0 & (|\omega| > 1) \end{cases}$$

であるとき，次式の値を求めよ。

$$\int_{-\infty}^{\infty} |g(t)|^2\, dt$$

（5） 変調に関する以下の性質を導け。

$$s(t)p(t) \Leftrightarrow \frac{1}{2\pi}(S(\omega) * P(\omega))$$

【12】（1） $x(t)$ のフーリエ変換を $X(\omega)$ とする。$r(t)$ は基本周波数 ω_0 の周期信号で，次式のフーリエ級数で表せるとする。

$$r(t) = \sum_{k=-\infty}^{\infty} c_k e^{jk\omega_0 t}$$

このとき，$y(t) = x(t) r(t)$ のフーリエ変換 $Y(\omega)$ を求めよ。

（2） $X(\omega)$ が図 3.15 で与えられるものとする。このとき，（1）の $y(t)$ のスペクトル $Y(\omega)$ を，つぎの $r(t)$ のそれぞれについて描いてみよ。

　　（a） $r(t) = \cos 2t$　　（b） $r(t) = \cos t$　　（c） $r(t) = \cos 4t$
　　（d） $r(t) = \sum_{n=-\infty}^{\infty} \delta\left(t - \frac{\pi}{2}n\right)$

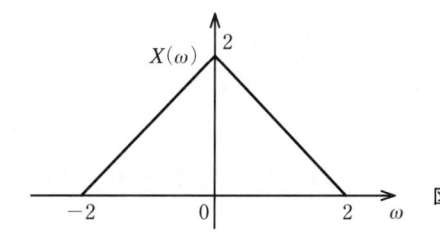

図 3.15

4 離散時間の信号とシステムにおけるフーリエ解析

　本章では，① 標本化定理，② 離散時間信号のフーリエ解析，③ 離散時間システムの周波数解析について説明する。標本化定理はアナログ信号を離散時間信号へ標本化する際の不可欠な条件を明らかにしている。離散時間信号のフーリエ解析に関しては連続信号に対するフーリエ級数とフーリエ変換に対応する離散時間フーリエ級数と離散時間フーリエ変換に関する説明である。つぎに，フーリエ解析を計算機等で実現可能とした離散フーリエ変換とその高速計算法（FFT）を紹介する。離散時間システムの時間領域ではインパルス応答表現や差分方程式表現を行うことができる。それらの表現で示された離散時間システムの周波数解析法についても説明を行う。

4.1 信号の標本化によるスペクトルの変化（標本化定理）

　アナログ信号 $x(t)$ のフーリエ変換を $X(\omega)$ とするとき，一般に $X(\omega)$ を $x(t)$ のスペクトルともいう。その信号 $x(t)$ を標本化して得られる離散時間信号のフーリエ変換 $X_p(\omega)$ と $X(\omega)$ の関係を明らかにする。つまり，信号を標本化することによるスペクトルの変化に関して以下に述べる。

　いま，アナログ信号 $x(t)$ をサンプリング周期 T_s で標本化することは図 4.1 に示すように，$x(t)$ に対して T_s 間隔のインパルス信号列 $p(t)$ を乗じることと等価である。よって，標本化して得られる離散時間信号 $x_p(t)$ は

$$x_p(t) = x(t)p(t) \tag{4.1}$$

となる。インパルス信号列 $p(t)$ は，デルタ関数 $\delta(t)$ を用いて

$$p(t) = \sum_{n=-\infty}^{\infty} \delta(t - nT_s) \tag{4.2}$$

4.1 信号の標本化によるスペクトルの変化（標本化定理）

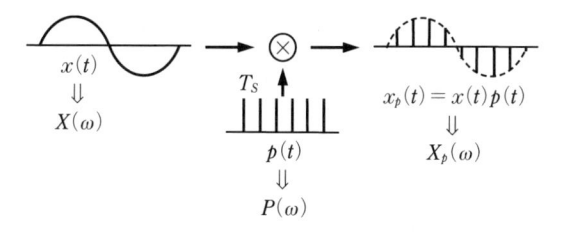

図 4.1 アナログ信号の標本化

と書けることから

$$x_p(t) = x(t)p(t) = x(t)\sum_{n=-\infty}^{\infty}\delta(t-nT_S) = \sum_{n=-\infty}^{\infty}x(nT_S)\delta(t-nT_S) \quad (4.3)$$

となる。

ところで，インパルス信号列 $p(t)$ は周期 T_S の関数であるから，そのフーリエ級数 c_k は式 (3.11) より

$$c_k = \frac{1}{T_S}\int_{-T_S/2}^{T_S/2}\delta(t)e^{-jk\omega_S t}dt = \frac{1}{T_S} \quad (4.4)$$

となる。ここで，$\omega_S = 2\pi/T_S$ で，$p(t)$ のスペクトルを $P(\omega)$ とすれば，3.5 節で明らかにしたフーリエ級数とスペクトルとの関係からつぎのようになる。

$$P(\omega) = \sum_{k=-\infty}^{\infty}2\pi c_k \delta(\omega-k\omega_S) = \frac{2\pi}{T_S}\sum_{k=-\infty}^{\infty}\delta(\omega-k\omega_S)$$

$$= \frac{2\pi}{T_S}\sum_{k=-\infty}^{\infty}\delta\left(\omega-\frac{2\pi k}{T_S}\right) \quad (4.5)$$

アナログ信号 $x(t)$ の離散化は式 (4.1) から $x(t)p(t)$ となることが示されているが，その離散化された信号のフーリエ変換 $X_p(\omega)$ は 3.6 節で示した関係から

$$X_p(\omega) = \frac{1}{2\pi}(X(\omega)*P(\omega)) = \frac{1}{2\pi}\int_{-\infty}^{\infty}P(u)X(\omega-u)du$$

$$= \frac{1}{2\pi}\cdot\frac{2\pi}{T_S}\int_{-\infty}^{\infty}\sum_{k=-\infty}^{\infty}\delta(u-k\omega_S)X(\omega-u)du = \frac{1}{T_S}\sum_{k=-\infty}^{\infty}X(\omega-k\omega_S)$$

$$(4.6)$$

となる。式 (4.6) から，離散化された信号のスペクトルはもとのアナログ信

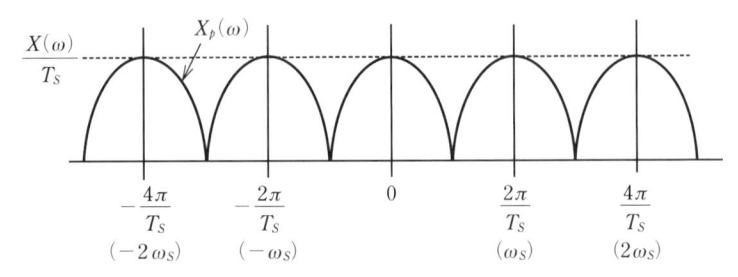

図4.2 離散化された信号のスペクトルの周期性

号のスペクトルに対して，振幅は $1/T_S$ 倍になり，周期 ω_S で繰り返されることになる（図4.2）。

アナログ信号のスペクトル $X(\omega)$ を $|\omega|>\omega_B$ で0とする。このとき，アナログ信号は帯域制限されているという。いま，$\omega_B \leq \omega_S/2$ であれば，図4.3から明らかなように離散化された信号のスペクトルは $X(\omega)$ の形状を保ったままの繰り返しとなる。この場合，離散時間信号に対して低域通過フィルタ処理を施すことによって $X(\omega)$ を抽出し，フーリエ逆変換を施すことによって，アナログ信号 $x(t)$ に戻すことができる。

——— $\omega_S-\omega_B>\omega_B$ すなわち $\omega_S>2\omega_B$ のとき，スペクトルは重ならない。
………… $\omega_S-\omega_B\leq\omega_B$ すなわち $\omega_S\leq2\omega_B$ のとき，スペクトルは重なる。

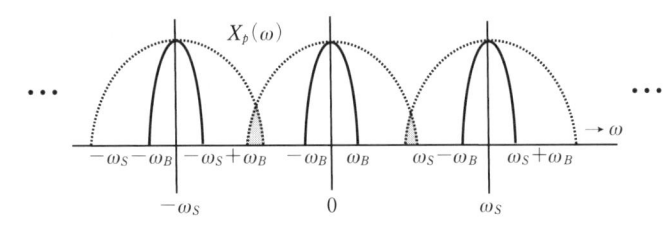

図4.3 エリアジング現象

一方，$\omega_B>\omega_S/2$ とすればスペクトルに重なりが生じ，アナログ信号のスペクトルの形状が崩れることになり，この場合はもとのアナログ信号を復元することができない。このように信号の離散化によってスペクトル特性が繰返しとなり，そのことによって生じるこの重なり現状を**エリアジング（異名）現象**という。以上から，アナログ信号を離散化するためにはエリアジング現象を生じ

4.1 信号の標本化によるスペクトルの変化（標本化定理）

させてはならないので，その条件がつぎに示す標本化定理として明らかにされている。

アナログ信号 $x(t)$ はそのスペクトルが $|\omega|>\omega_B$ で $X(\omega)=0$ となる帯域制限信号とする。$\omega_S=2\pi/T_S$ として，もし $\omega_S>2\omega_B$ ならば $x(t)$ はその標本化信号 $x(nT_S)$ によって，一意的に決定される。これを**標本化定理**または**サンプリング定理**という。

> **定理 4.1　サンプリング（標本化）定理**
> アナログ信号の持つ最大周波数の 2 倍より大きい周波数で標本化を行えば，その離散時間信号からもとのアナログ信号 $x(t)$ は復元できる。

つぎに，標本化信号 $x_p(t)$ からもとのアナログ信号 $x(t)$ に戻す方法について説明を行う。上述したように，アナログ信号のスペクトルと標本化後の離散時間信号のスペクトルを比較すれば，離散時間信号に対して**図 4.4** に示す理想低域通過フィルタを施すことによってもとのアナログ信号 $x(t)$ が復元される。そのことを数学的に確認しておく。

理想低域通過フィルタの伝達関数 $H(\omega)$ のインパルス応答を $h(t)$ とする。離散時間信号 $x_p(t)(=x(t)p(t))$ に理想低域通過フィルタを施した出力を $x_r(t)$ とする。式 (4.3) の関係を用いれば

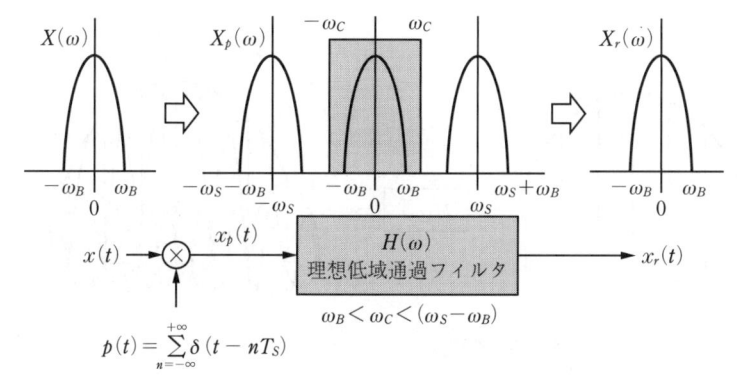

図 4.4　原信号 $x(t)$ と標本化信号 $x_p(t)$ と復元信号 $x_r(t)$

$$x_r(t) = x_p(t) * h(t) = \int_{-\infty}^{\infty} x_p(u) h(t-u) \, du$$

$$= \int_{-\infty}^{\infty} x(nT_S) \sum_{n=-\infty}^{\infty} \delta(u - nT_S) h(t-u) \, du$$

$$= \sum_{n=-\infty}^{\infty} x(nT_S) h(t - nT_S) \tag{4.7}$$

となる。理想低域通過フィルタの周波数特性は

$$H(\omega) = \begin{cases} T_S & (|\omega| \le \omega_C) \\ 0 & (|\omega| > \omega_C) \end{cases}$$

であるから、そのインパルス応答は標本化関数と呼ばれ

$$h(t) = \frac{1}{2\pi} \int_{-\infty}^{\infty} H(\omega) e^{j\omega t} d\omega = \frac{\omega_C T_S}{\pi} \cdot \frac{\sin(\omega_C t)}{\omega_C t} \tag{4.8}$$

となる。よって、式 (4.7) は

$$x_r(t) = \sum_{n=-\infty}^{\infty} x(nT_S) \frac{\omega_C T_S}{\pi} \cdot \frac{\sin \omega_C (t - nT_S)}{\omega_C (t - nT_S)} \tag{4.9}$$

となり、図示したものが**図 4.5** である。離散時間信号間の情報がすべて補われ、アナログ信号が再現されている。離散時間信号からアナログ信号へ変換することは欠落している信号を埋める補間手続きとみなすことができる。よって、補間関数の理想的なものとして標本化関数が挙げられる。このような手法を**補間**（interpolation）という。

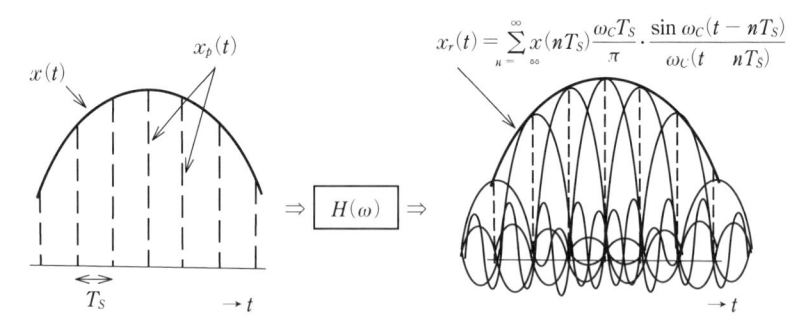

図 4.5　理想低域通過フィルタによる補間

4.2 離散時間信号の解析（周期信号の場合）

周期的な離散時間信号の周波数解析を考える．周期的な連続時間信号における解析に関してはすでに説明をしているので，それとのかかわりのもとで説明を行う．

周期が T の連続時間信号 $x(t)=x(t+T)$ のフーリエ級数は3章で明らかにしたように

$$x(t) = \sum_{k=-\infty}^{\infty} c_k e^{jk\omega_0 t} \tag{4.10}$$

となる．ここで，ω_0 は基本角周波数であり，周期 T は $T=2\pi/\omega_0$ と書ける．いま，連続時間信号を T/N 間隔で標本化することを考える．離散時間信号の変数を n，標本化した信号を $x(n)$ と書く．式 (4.10) において $\omega_0 = 2\pi/T$ であり，さらに t を標本点 nT/N に置き換えることにより離散時間信号 $x(n)$ に対するフーリエ級数が次式のように求まる．

$$x(n) = \sum_{k=-\infty}^{\infty} c_k e^{jk(2\pi/N)n} \tag{4.11}$$

いま，$\phi_k(n) = e^{jk(2\pi/N)n}$ とおくと，この $\phi_k(n)$ は変数 k に対して周期 N であり，すなわち，$\phi_k(n) = \phi_{k+N}(n)$ である．よって，式 (4.11) の右辺の加算の範囲は任意の一周期（N 個）に制限する必要があり，結局，離散時間信号のフーリエ級数は

$$x(n) = \sum_{k=\langle N \rangle} c_k e^{jk(2\pi/N)n} \tag{4.12}$$

となる．ここで，$k=\langle N \rangle$ は任意の連続する N 個の区間を意味している．

式 (4.12) の c_k がフーリエ係数であるが，離散時間信号 $x(n)$ から求める方法を明らかにする必要がある．いま，級数展開の基底関数である複素指数関数を標本化した離散時間信号は直交関数系であり，つぎの条件を満たす．

$$\sum_{n=\langle N \rangle} e^{jk(2\pi/N)n} e^{-jr(2\pi/N)n} = \begin{cases} N & (k=r) \\ 0 & (その他) \end{cases} \tag{4.13}$$

そこで，式 (4.12) の両辺に $\sum_{n=<N>} e^{jr(2\pi/N)n}$ を乗じれば，式 (4.13) の関係から

$$\sum_{n=<N>} x(n) e^{-jr(2\pi/N)n} = \sum_{n=<N>} \sum_{k=<N>} c_k e^{j(k-r)(2\pi/N)n} = Nc_k \quad (4.14)$$

となり，フーリエ係数は

$$c_k = \frac{1}{N} \sum_{n=<N>} x(n) e^{-jk(2\pi/N)n} \quad (4.15)$$

と求められることになる。

例題 4.1

離散時間の周期信号

$$x(n) = 1 + \sin\left(\frac{2\pi}{N}n\right) + 3\cos\left(\frac{2\pi}{N}n\right) + \cos\left(\frac{4\pi}{N} + \frac{\pi}{2}\right)n$$

のフーリエ係数を求めよ。

解答

$$\begin{aligned}
x(n) &= 1 + \frac{1}{2j}(e^{j(2\pi/N)n} - e^{-j(2\pi/N)n}) + \frac{3}{2}(e^{j(2\pi/N)n} + e^{-j(2\pi/N)n}) \\
&\quad + \frac{1}{2}(e^{j(4\pi n/N + \pi/2)} - e^{-j(4\pi n/N + \pi/2)}) \\
&= 1 + \left(\frac{3}{2} + \frac{1}{2j}\right)e^{j(2\pi/N)n} + \left(\frac{3}{2} - \frac{1}{2j}\right)e^{-j(2\pi/N)n} \\
&\quad + \left(\frac{1}{2}e^{j(\pi/2)}\right)e^{j2(2\pi/N)n} + \left(\frac{1}{2}e^{-j(\pi/2)}\right)e^{-j2(2\pi/N)n}
\end{aligned}$$

となり，$e^{j\pi/2} = j$, $e^{-j\pi/2} = -j$ から，フーリエ係数は

$$c_0 = 1, \ c_1 = \frac{3}{2} - j\frac{1}{2}, \ c_{-1} = \frac{3}{2} + j\frac{1}{2}, \ c_2 = j\frac{1}{2}, \ c_{-2} = -j\frac{1}{2}$$

となる。

例題 4.2

方形波を標本化した周期 N の離散時間信号

$$x(n) = \begin{cases} 1 & (-N_1 \leq n \leq N_1) \\ 0 & (その他) \end{cases}$$

のフーリエ係数を求めよ。なお，$2N_1 + 1 < N$ とする。

解答　フーリエ級数の係数を式（4.15）の関係を用いて導出する。

$$c_k = \frac{1}{N}\sum_{n=-N_1}^{N_1} e^{-jk(2\pi/N)n} = \frac{1}{N}\sum_{m=0}^{2N_1} e^{-jk(2\pi/N)(m-N_1)} = \frac{1}{N}e^{jk(2\pi/N)N_1}\sum_{m=0}^{2N_1} e^{-jk(2\pi/N)m}$$

となり，$k=0,\ \pm N,\ \pm 2N,\ \cdots$のときは

$$c_k = \frac{2N_1+1}{N}$$

であり，$k\neq 0,\ \pm N,\ \pm 2N,\ \cdots$のときは

$$c_k = \frac{1}{N}\cdot\frac{\sin\left(2\pi k\dfrac{2N_1+1}{2N}\right)}{\sin(\pi k/N)}$$

となる。

$2N_1+1=5$として，$N=10$と$N=40$の場合の係数c_kは図4.6のようになる。Nが変化しても包絡線は変わらない。

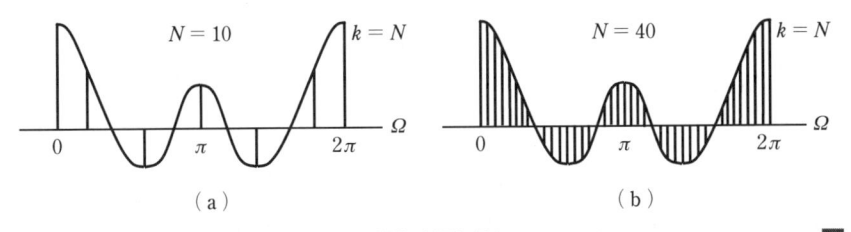

図4.6　方形波（離散時間信号）のスペクトル

4.3　離散時間信号の解析（非周期信号の場合）

4.2節における説明から明らかなように周期信号のスペクトルは等間隔の線スペクトルであり，その間隔は周期の逆数に等しい。このことから，周期を極端に増加させることにより線スペクトルの間隔はゼロに近づくことになる。周期が無限大となれば，信号は周期的ではないことを意味し，そのスペクトルは連続となる。そこで，周期信号のフーリエ解析から非周期信号のフーリエ解析を導出することにする。

非周期な長さ$2N_1$の孤立信号$x(n)$を周期$N(2N_1<N)$で繰り返すことで周期信号$\tilde{x}(n)$を作ることにする。

$$\tilde{x}(n) = \sum_{k=<N>} c_k e^{jk(2\pi/N)n} \tag{4.16}$$

であり，フーリエ係数は

$$c_k = \frac{1}{N} \sum_{n=<N>} \tilde{x}(n) e^{-jk(2\pi/N)n} \tag{4.17}$$

となる。周期 N が無限大であるとすると

$$c_k = \frac{1}{N} \sum_{n=-\infty}^{\infty} \tilde{x}(n) e^{-jk(2\pi/N)n} \tag{4.18}$$

となる。ここで，非周期的な離散時間信号 $x(n)$ のフーリエ変換 $X(\Omega)$ を $\Omega = 2\pi k/N$ として

$$X(\Omega) = \sum_{n=-\infty}^{\infty} x(n) e^{-j\Omega n} \tag{4.19}$$

と定義することにする。式（4.18）と式（4.19）を比較すると

$$c_k = \frac{1}{N} \sum_{n=-\infty}^{\infty} \tilde{x}(n) e^{-jk(2\pi/N)n} = \frac{1}{N} \sum_{n=-\infty}^{\infty} x(n) e^{-jk(2\pi/N)n} = \frac{1}{N} X\left(\frac{2\pi k}{N}\right) \tag{4.20}$$

となる。この式から，フーリエ級数における係数は離散時間フーリエ変換 $X(\Omega)$ の周期 2π を N 等分した標本点における信号値を $1/N$ 倍したものである。

つぎに，式（4.20）のフーリエ係数を式（4.16）に代入する。

$$\tilde{x}(n) = \frac{1}{N} \sum_{k=-\infty}^{\infty} X\left(\frac{2\pi k}{N}\right) e^{jk(2\pi/N)n} \tag{4.21}$$

ここで，$\Delta\Omega = 2\pi/N$ とすれば

$$\tilde{x}(n) = \frac{1}{2\pi} \sum_{k=-\infty}^{\infty} X(k\Delta\Omega) e^{jk\Delta\Omega n} \Delta\Omega \tag{4.22}$$

となる。N を無限大とする極限では $\tilde{x}(n)$ は $x(n)$ であり，$\Delta\Omega$ は微分 $d\Omega$ となり，$k\Delta\Omega$ は連続な角周波数 Ω となる。したがって，式（4.22）における総和は角周波数 Ω における積分となり

$$x(n) = \frac{1}{2\pi} \int_{2\pi} X(\Omega) e^{j\Omega n} d\Omega \tag{4.23}$$

と表現できる。このことにより，式（4.19）で定義した**離散時間フーリエ変換**（DTFT：discrete time Fourier transform）に対する逆変換である**逆離散時間フーリエ変換**（IDTFT：inverse DTFT）が式（4.23）で導出された。

4.4 離散フーリエ変換

区間 $[0, N-1]$ の N 点において，与えられた離散時間信号 $x(n)$ の**離散フーリエ変換**（DFT：discrete Fourier transform）を

$$X(k) = \sum_{n=0}^{N-1} x(n) e^{-jk(2\pi/N)n} \quad (k=0,1,\cdots,N-1) \tag{4.24}$$

と定義する。一方，$X(k)$ から離散時間信号列 $x(n)$ への変換は

$$x(n) = \frac{1}{N} \sum_{k=0}^{N-1} X(k) e^{jk(2\pi/N)n} \quad (n=0,1,\cdots,N-1) \tag{4.25}$$

によって与えられる。この変換を**逆離散フーリエ変換**（IDFT：inverse DFT）という。

$X(k)$ は複素数列であるため，極座標形式で

$$X(k) = |X(k)| e^{j\theta(k)} \tag{4.26}$$

と表現できる。ここで

$$|X(k)| = \sqrt{\{\mathrm{Re}\,X(k)\}^2 + \{\mathrm{Im}\,X(k)\}^2} \tag{4.27}$$

$$\theta(k) = \tan^{-1} \frac{\mathrm{Im}\,X(k)}{\mathrm{Re}\,X(k)} \tag{4.28}$$

であり，$|X(k)|$ を振幅スペクトル，$\theta(k)$ を位相スペクトルと呼ぶ。

4.3 節で述べた DTFT と DFT の関係を明らかにしておく。そのため，区間 $[0, N-1]$ 以外では信号値が 0 である孤立信号 $\tilde{x}(n)$ の DTFT を求める。まず，孤立信号 $\tilde{x}(n)$ を

$$\tilde{x}(n) = \begin{cases} x(n) & (0 \leq n \leq N-1) \\ 0 & (その他) \end{cases} \tag{4.29}$$

とし，式 (4.19) の DTFT の定義式から

$$X(\Omega) = \sum_{n=-\infty}^{\infty} \tilde{x}(n) e^{-j\Omega n} = \sum_{n=0}^{N-1} x(n) e^{-j\Omega n} \tag{4.30}$$

これを式 (4.24) と比較すると，$x(n)$ の DFT である $X(k)\,(k=1,2,\cdots,N)$ は $\tilde{x}(n)$ の DTFT である $X(\Omega)$ を間隔 $2\pi k/N\,(k=0,1,\cdots,N)$ でサンプリ

図 4.7　DTFT と DFT

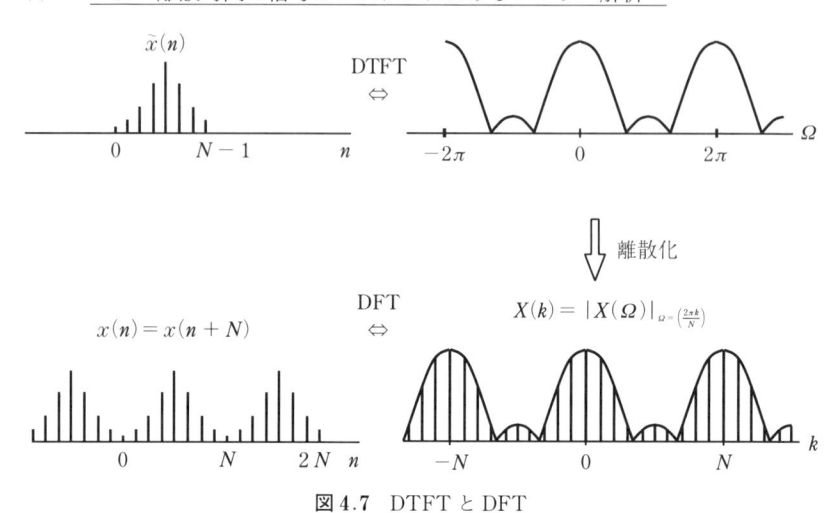

ングした離散スペクトルと一致することがわかる（図 4.7）。

このことから，非周期信号である孤立信号に対する DTFT の結果は DFT によって得ることが可能である。DFT は線スペクトルであるため，サンプル間のスペクトル値を知ることは不可能である。しかしながら，DFT は信号とスペクトルがともに有限個の離散データ列として定義されているため，ディジタル計算機による処理にきわめて有効である。

DTFT の結果 $X(\Omega)$ が周期関数（周期 2π）であったが，その離散化である DFT においても，$X(k)$ は k に関して周期関数（周期 N）となる。IDFT において $x(n)$ を当初与えられた区間 $[0, N-1]$ 以外の点まで拡張すると，時間領域においてもその離散信号 $x(n)$ は周期 N の周期信号となる（図 4.7）。

4.5　DFT の諸性質

N 点区間の離散時間信号 $x(n)$ と $y(n)$ に対する DFT をそれぞれ $X(k)$ と $Y(k)$ とする。

1）線形性　　a, b を定数とし，新たな離散時間信号 $ax(n) + by(n)$ を定義する。この離散時間信号の DFT は $aX(k) + bY(k)$ となる。この性質は

DFT の定義から自明である。

2) 対称性 $x(n)$ を実数値の信号と仮定する。式 (4.24) の両辺の複素共役を求めると

$$X^*(k) = \sum_{n=0}^{N-1} x(n) e^{jk(2\pi/N)n} = X(-k) = X(N-k) \qquad (4.31)$$

となる。ここで，* は複素共役を意味し，また，式 (4.31) の右辺の展開には周期性を利用している。このことから

$$\text{Re } X(N-k) = \text{Re } X(k) \qquad (4.32)$$
$$\text{Im } X(N-k) = -\text{Im } X(k) \qquad (4.33)$$

が成立する。実部は $k=N/2$ に対して対称性を持ち，虚部は反対称性を持つ。さらに，振幅スペクトルに対しては

$$|X(N-k)| = |X(k)| \qquad (4.34)$$

が成立し，位相スペクトルに対しては

$$\theta(N-k) = -\theta(k) \qquad (4.35)$$

が成立する。

3) 時間シフト，周波数シフト 信号 $x(n)$ を時間軸上で整数 L だけシフトした $x(n-L)$ の DFT である $X_L(k)$ を求めると

$$X_L(k) = \sum_{n=L}^{N-1+L} x(n-L) e^{-jk(2\pi/N)n}$$

となり，ここで，$m=n-L$ と変数変換を行うと

$$X_L(k) = \sum_{n=L}^{N-1+L} x(n-L) e^{-jk(2\pi/N)n} = \sum_{m=0}^{N-1} x(m) e^{-jk(2\pi/N)(m+L)}$$
$$= \sum_{m=0}^{N-1} x(m) e^{-jk(2\pi/N)m} e^{-jk(2\pi/N)L} = X(k) e^{-jk(2\pi/N)L} \qquad (4.36)$$

となる。式 (4.36) を極座標で表現すれば

$$X_L(k) = X(k) e^{-jk(2\pi/N)L} = |X(k)| e^{j\{\theta(k) - (2\pi Lk/N)\}} \qquad (4.37)$$

であり，振幅スペクトルは不変で，位相スペクトルには直線位相成分が加えられることがわかる。

一方，$X(k)$ を周波数軸上でシフトして得られたスペクトル $X(k-M)$ を IDFT すれば，$x(n) e^{jn(2\pi/N)M}$ となる。時間領域で複素正弦波を乗じることが周

波数軸上でのシフトを実現する。そして，この性質が通信分野で利用されている振幅変調を実現している。

4） パーセバルの定理　　DFTにおいてもパーセバルの定理が成立する。

$$\sum_{n=0}^{N-1}|x(n)|^2 = \frac{1}{N}\sum_{k=0}^{N-1}|X(k)|^2 \tag{4.38}$$

4.6 高速フーリエ変換

いま，DFTの演算量について考えてみる。N点の信号$x(n)$は複素数であるから，あるkに対する式 (4.24) の計算には，N回の複素乗算と $(N-1)$ 回の複素加算が必要となる。よって，N個のDFT係数すべてを求めるためには，N^2回の複素乗算と$N(N-1)$回の複素加算が必要となる。例えば，$N=1\,024$のとき，約10^6回の複素加算と複素乗算を要する。Nの値が大きくなると，膨大な演算量を要することになり，その演算量の減少を図ることが重要であることがわかる。その演算量の減少によるDFTの高速化を図るアルゴリズムが**高速フーリエ変換**（FFT：fast Fourier transform）アルゴリズムである。

そこで，FFTのアルゴリズムについて具体的な説明を行う。ここで説明するアルゴリズムは基数2の時間間引き**FFTアルゴリズム**と呼ばれているものである。式 (4.24)，(4.25) で定義したDFTとIDFTの表現を簡潔化するため，回転子W_Nを導入する。回転子W_Nは

$$W_N = e^{-j(2\pi/N)} \tag{4.39}$$

と定義する。

この回転子を用いるとDFTとIDFTはつぎのように表現される。

$$X(k) = \sum_{n=0}^{N-1} x(n) W_N^{nk} \quad (k=0,1,\cdots,N-1) \tag{4.40}$$

$$x(n) = \frac{1}{N}\sum_{k=0}^{N-1} X(k) W_N^{-nk} \quad (k=0,1,\cdots,N-1) \tag{4.41}$$

ここで，DFTの定義式を簡潔に表現するために導入した回転子W_Nは周期性を持つが，その性質を利用することで，演算量の減少が図られる。

4.6 高速フーリエ変換

DFTの信号区間 N を2のべき数と仮定する。仮に2のべき数でない場合は，0値の信号を追加して信号区間を2のべき数に拡大すればよい。式 (4.40) のDFTの定義式を $x(n)$ の系列の n が奇数と偶数とに分ける。

$$X(k) = \sum_{r=0}^{N/2-1} x(2r) W_N^{2rk} + \sum_{r=0}^{N/2-1} x(2r+1) W_N^{(2r+1)k} \tag{4.42}$$

ここで，$W_N^2 = W_{N/2}$ であるから

$$X(k) = \sum_{r=0}^{N/2-1} x(2r) W_{N/2}^{rk} + W_N^k \sum_{r=0}^{N/2-1} x(2r+1) W_{N/2}^{rk}$$

$$= P(k) + W_N^k Q(k) \tag{4.43}$$

となる。$P(k)$ および $Q(k)$ は $N/2$ 点のDFTであり，式 (4.40) の定義では N^2 回の演算量が必要であったが，式 (4.43) と変形することにより，$2 \times (N/2)^2 + N$ 回の演算量に減少する。N 点のDFTが二つの点のDFTに分解できることから，$N/2$ 点のDFTは二つの $N/4$ 点のDFTに分けることが同様に可能である。この分解を繰り返すことによりFFTが導出される。8点DFTを例に具体的な説明を行う。

8点DFTでは

$$\begin{aligned}X(k) &= \sum_{n=0}^{7} x(n) W_8^{nk} = \sum_{r=0}^{3} x(2r) W_4^{rk} + W_8^k \sum_{r=0}^{3} x(2r+1) W_4^{rk} \\ &= \sum_{s=0}^{1} x(4s) W_2^{sk} + W_4^k \sum_{s=0}^{1} x(4s+2) W_2^{sk} \\ &\quad + W_8^k \left\{ \sum_{s=0}^{1} x(4s+1) W_2^{sk} + W_4^k \sum_{s=0}^{1} x(4s+3) W_2^{sk} \right\}\end{aligned} \tag{4.44}$$

と展開される。

式 (4.44) の1行目の展開表現を図 4.8（$k=1$ の場合を図 4.9）に，2，3行目の展開表現を図 4.10（$k=1$ の場合を図 4.11）にそれぞれ図示した。さらに，2点DFT計算は図 4.12 のようになる。以上をまとめると，8点DFTの信号の流れ図は図 4.13 となる。このアルゴリズムは途中の計算過程で時間系列を順次間引くことから時間間引きFFTアルゴリズムと呼ばれている。

ここで，図 4.13 から明らかなように $x(n)$ は時間系列の順番には入力されないため，その順序を変更する必要がある。この $x(n)$ の並替えは**アドレス生成**

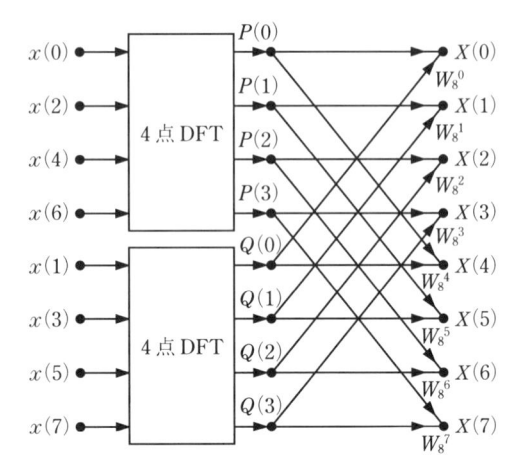

74   4. 離散時間の信号とシステムにおけるフーリエ解析

図 4.8 8点 DFT (式 (4.44) 1行目)

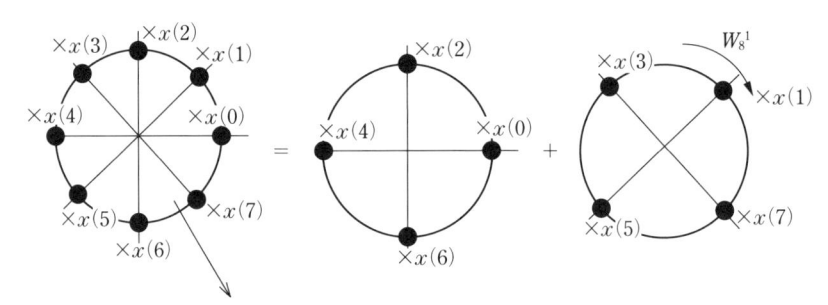

$$X(1) = x(0)W_8^0 + x(1)W_8^1 + x(2)W_8^2 + x(3)W_8^3 + x(4)W_8^4 + x(5)W_8^5 + x(6)W_8^6 + x(7)W_8^7$$

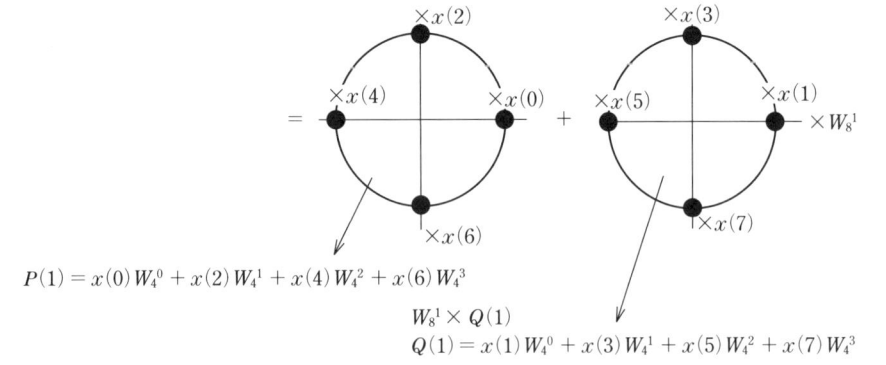

$$P(1) = x(0)W_4^0 + x(2)W_4^1 + x(4)W_4^2 + x(6)W_4^3$$

$$W_8^1 \times Q(1)$$
$$Q(1) = x(1)W_4^0 + x(3)W_4^1 + x(5)W_4^2 + x(7)W_4^3$$

図 4.9 式 (4.44) の 1 行目 ($k=1$ の場合)

4.6 高速フーリエ変換

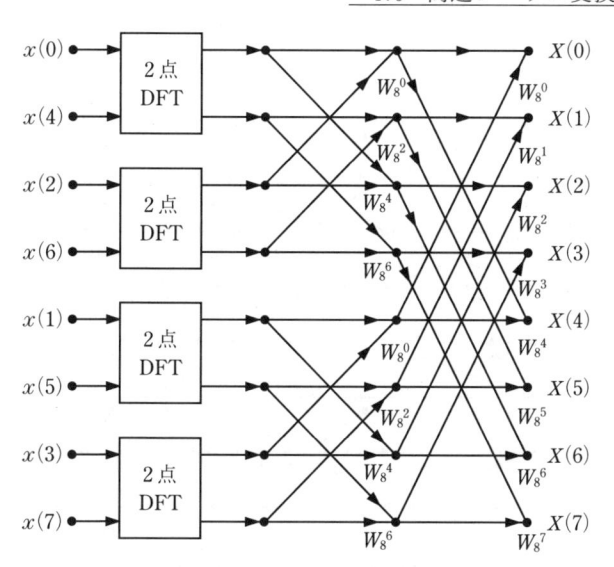

図 4.10 8点 DFT（式 (4.44) 2, 3 行目）

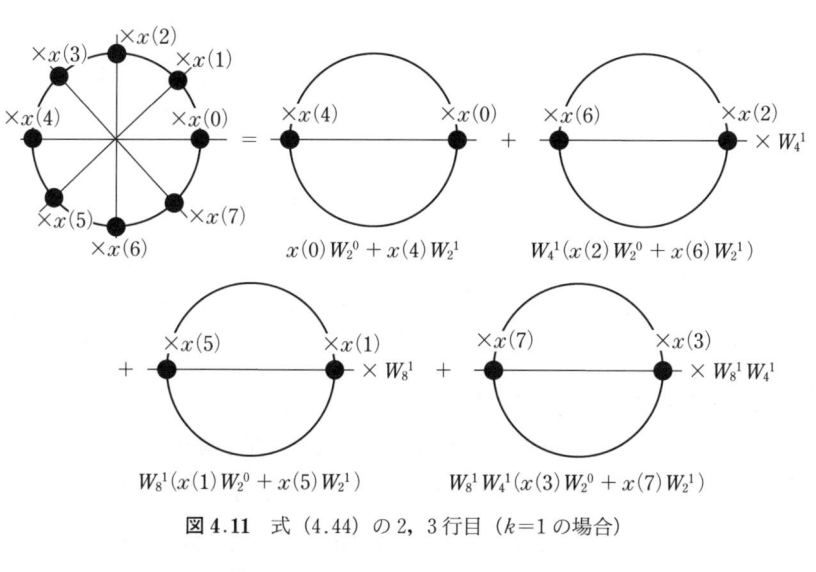

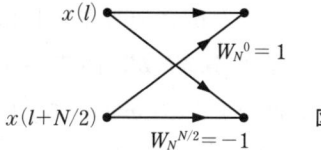

図 4.11 式 (4.44) の 2, 3 行目（$k=1$ の場合）

図 4.12 2 点 DFT

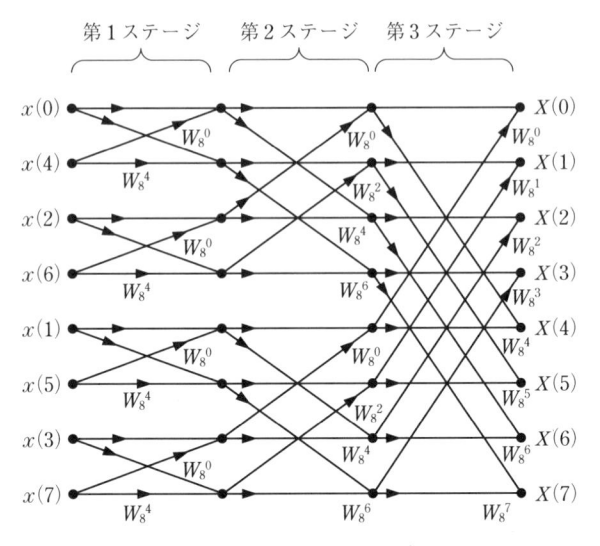

第1ステージ　第2ステージ　第3ステージ

図 4.13　8 点 DFT の信号の流れ図

と呼ばれる操作であり，ビットリバースで容易になされることが知られている。**ビットリバース**とは n を 2 進数で表し，下位の桁からビットを並び替えて 10 進数に戻す操作である。例えば，3 桁の 2 進数 100 のビットリバースの結果は 001 となる。

FFT アルゴリズムの必要な計算量を考える。$N=2^c$（C は正の整数）のとき，$C=\log_2 N$ 回の分解により 2 点 DFT へ帰着する。8 点 FFT の場合は $C=3$ であり，図 4.13 から明らかなようにその分解の数だけのステージ数によって FFT アルゴリズムが構成される。各ステージにおいて N に比例する計算量（複素乗算，複素加算）が必要であり，よって，FFT 全体では N ステージ構成になっていることから，$N \log_2 N$ 回の計算量を要することになる。

したがって，FFT アルゴリズムを用いることによって，必要な演算回数は N^2 回から $N \log_2 N$ 回まで減少する。この DFT の高速計算法を高速フーリエ変換（FFT）と呼ぶ。$N=1\,024$ のときを例に演算量を比較すると，直接 DFT を計算すれば演算回数は約 10^6 回であったが，FFT の演算回数は約 10^4 回となり，必要な演算量が 1/100 に減少することがわかる。FFT の演算量の

有利性は N が増大するに従ってさらに大きくなる。

なお，FFT に関しては数多くの研究が成されてきていて，演算回数，メモリ量，アドレス生成等に関して特徴を持つ多くのアルゴリズムが提案されている。それらに関する説明は参考文献12)などを参照されたい。

4.7 FFTによる畳込みの計算

周期 N を持つ二つの離散時間信号 $x(n)$，$h(n)$ の循環畳込み演算結果を $y(n)$ とすれば，$y(n)$ は FFT を用いて算出できる。その手順は
① 二つの信号列 $x(n)$，$h(n)$ の DFT 係数 $X(k)$，$H(k)$ を算出する。
② 二つの係数積 $Y(k)=H(k)X(k)$ を算出する。
③ IDFT により $Y(k)$ から $y(n)$ を得る。
ここで，DFT，IDFT は FFT の利用により高速演算可能となる。

2章で説明した，畳込み演算は $x(n)$，$h(n)$ に周期性を仮定していない離散畳込み演算である。いま，二つの信号列 $x(n)$，$h(n)$ が有限長であり，それぞれの長さを L_x，L_h とする。このとき，畳込み計算結果 $y(n)$ の長さ L_y は L_x+L_h-1 となる。よって，$L_y>L_x+L_h-1$ とし，離散時間信号列 $x(n)$，$h(n)$ それぞれに長さ L_y-L_x，L_y-L_h の0値の信号を付加して長さを L_y に拡大して循環畳込み演算を行うことにより，周期性のない信号列に対する畳込み演算にも FFT の利用が可能となる。

4.8 複素指数関数に対する離散時間 LTI システムの応答

これまでは離散時間信号そのものの周波数解析（フーリエ解析）に関して説明を行ってきた。本節および次節では，離散時間 LTI システムの周波数解析について説明を行う。

離散時間 LTI システムはインパルス応答で記述可能であり，そのインパルス応答が $h(n)$ であるシステムに複素正弦波信号 $e^{j\Omega n}$ を入力することを考え

る。出力信号 $y(n)$ は畳込みによって算出される。

$$y(n) = h(n) * x(n) = \sum_{p=-\infty}^{\infty} h(p) x(n-p)$$

$$= \sum_{p=-\infty}^{\infty} h(p) e^{j\Omega(n-p)} = e^{j\Omega n} \sum_{p=-\infty}^{\infty} h(p) e^{-j\Omega p} \qquad (4.45)$$

式 (4.45) から複素正弦波信号を入力すればその出力も同じ角周波数の複素正弦波であることがわかる。しかしながら、入力信号と出力信号は振幅と位相が異なっている。いま、式 (4.45) の右辺を

$$H(e^{j\Omega}) = \sum_{p=-\infty}^{\infty} h(p) e^{-j\Omega p} \qquad (4.46)$$

とおくとき、入力信号と出力信号の振幅、位相の差は $H(e^{j\Omega})$ を極座標表現した場合の大きさと偏角に一致する。すなわち

$$H(e^{j\Omega}) = |H(\Omega)| e^{j\theta(\Omega)} \qquad (4.47)$$

と表現したとき、入力信号の振幅は $|H(\Omega)|$ 倍され、位相は $\theta(\Omega)$ 遅れ、出力信号となる。そして、$|H(\Omega)|$ と $\theta(\Omega)$ がそれぞれLTIシステムの角周波数 Ω に対する振幅特性、位相特性である。

離散時間の入力信号 $x(n)$ が周期 N の周期信号とすれば、離散時間フーリエ級数展開表現が可能であるので、$x(n) = \sum_{k=<N>} c_k e^{jk(2\pi/N)n}$ と表すことが可能である。ここで $\Omega = k\Omega_0 = 2\pi k/N$ の関係を用いている。この入力信号に対するLTIシステム $H(e^{j\Omega})$ の出力信号 $y(n)$ は

$$y(n) = \sum_{k=<N>} c_k H(e^{jk(2\pi/N)}) e^{jk(2\pi/N)n} \qquad (4.48)$$

となる。式 (4.48) から、出力信号のフーリエ係数は $c_k H(e^{jk(2\pi/N)})$ となっていることがわかり、入力信号のフーリエ係数とLTIシステムの周波数特性を用いて表されることがわかる。

例題 4.3

インパルス応答が $h(n) = a^n u(n)$ ($-1 < a < 1$) のとき、入力信号 $x(n) = \cos(2\pi n/N)$ に対する出力信号 $y(n)$ を求めよ。

解答 入力信号 $x(n)$ は

$$\frac{e^{j(2\pi/N)n} + e^{-j(2\pi/N)n}}{2}$$

と書けることから，フーリエ係数が $c_1 = c_{-1} = 1/2$ となる。

一方，システムの周波数応答 $H(e^{jk(2\pi/N)n})$ の $k=1, -1$ は

$$H(e^{\pm j(2\pi/N)n}) = \sum_{n=-\infty}^{\infty} h(n) e^{\mp j(2\pi/N)n} = \sum_{n=-\infty}^{\infty} a^n u(n) e^{\mp j(2\pi/N)n}$$

$$= \sum_{n=0}^{\infty} (ae^{\mp j(2\pi/N)})^n = \frac{1}{1 - ae^{\mp j(2\pi/N)}} = re^{\pm\theta}$$

となる。よって

$$y(n) = \frac{1}{2}(re^{j\theta} e^{j(2\pi/N)n} + re^{-j\theta} e^{-j(2\pi/N)n}) = r\cos\left(\frac{2\pi}{N}n + \theta\right)$$

例えば，$N=4$ のとき

$$r = \frac{1}{\sqrt{1 - 2a\cos(2\pi/N) + a^2}} = \frac{1}{\sqrt{1 + a^2}}$$

であり

$$\theta = \tan^{-1}\frac{a\sin(2\pi/N)}{1 - a\cos(2\pi/N)} = \tan^{-1} a$$

となる。

4.9 線形定係数差分方程式で記述されるシステムの周波数応答

2章で述べたようにインパルス応答が無限なシステムを記述する場合，差分方程式での記述が必要となる。つまり，入力信号を $x(n)$，出力信号を $y(n)$ とするとき，無限インパルス応答システムは一般に以下の差分方程式で記述される。

$$y(n) + \sum_{r=1}^{N} a_r y(n-r) = \sum_{p=0}^{M} b_p x(n-p) \tag{4.49}$$

信号 $x(n)$ と $y(n)$ のフーリエ変換をそれぞれ $X(\Omega)$，$Y(\Omega)$ とすれば，式 (4.49) の両辺をフーリエ変換することにより

$$Y(\Omega) + \sum_{r=1}^{N} a_r e^{-jr\Omega} Y(\Omega) = \sum_{p=0}^{M} b_p e^{-jp\Omega} X(\Omega) \tag{4.50}$$

となる。システムの周波数特性は入力信号と出力信号の周波数特性の比で与えられることから，式 (4.50) を変形させることにより

$$H(\Omega) = \frac{Y(\Omega)}{X(\Omega)} = \frac{\sum_{p=0}^{M} b_p e^{-jp\Omega}}{1 + \sum_{r=1}^{N} a_r e^{-jr\Omega}} \tag{4.51}$$

と求まる。

式 (4.51) は一般に次式のように変形可能である。

$$H(\Omega) = \frac{Y(\Omega)}{X(\Omega)} = \frac{\sum_{p=0}^{M} b_p e^{-jp\Omega}}{1 + \sum_{r=1}^{N} a_r e^{-jr\Omega}} = \frac{b_0 \prod_{p=1}^{M}(1 - \beta_p e^{-j\Omega})}{\prod_{r=1}^{N}(1 - \alpha_r e^{-j\Omega})} \tag{4.52}$$

このシステムの振幅特性と位相特性を明らかにしておく。振幅特性 $A(\Omega)$ は複素数 $H(\Omega)$ の複素平面上での長さであるから

$$A(\Omega) = |b_0| \frac{\prod_{p=1}^{M} |1 - \beta_p e^{-j\Omega}|}{\prod_{r=1}^{N} |1 - \alpha_r e^{-j\Omega}|} \tag{4.53}$$

であり，位相特性 $\theta(\Omega)$ は

$$\theta(\Omega) = \sum_{p=1}^{M} Arg(1 - \beta_p e^{-j\Omega}) - \sum_{r=1}^{N} Arg(1 - \alpha_r e^{-j\Omega}) \tag{4.54}$$

となる。

例題 4.4

差分方程式 $y(n) - by(n-1) = (1-b)x(n)$，$(-1 < b < 1)$ で示されるシステムの振幅特性と位相特性を求めよ。

解答

$$H(\Omega) = \frac{1-b}{1 - be^{-j\Omega}}$$

であるから，振幅特性は

$$A(\Omega) = \left|\frac{1-b}{1 - be^{-j\Omega}}\right| = \frac{1-b}{\sqrt{1 + b^2 - 2b\cos\Omega}}$$

位相特性は

$$\theta(\Omega) = -\tan^{-1}\frac{b\sin\Omega}{1 - b\cos\Omega}$$

演 習 問 題　81

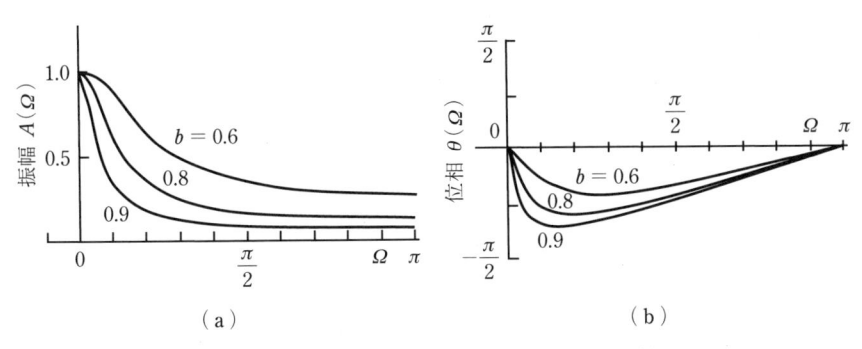

図 4.14 1 次の無限インパルス応答システムの特性

となる．$b=0.6,\ 0.8,\ 0.9$ の場合の特性を図 4.14 に示す．　■

演 習 問 題

【1】 以下の離散時間，周期信号のフーリエ係数 c_k を求めよ．さらに，振幅スペクトル，位相スペクトルを図示せよ．
　（1）　$x(n)=2\cos(\pi n/3)$
　（2）　周期 $N=4$ の周期信号で，$x(0)=x(1)=1,\ x(2)=x(3)=0$
　（3）　$x(n)=2\cos(\pi n/4)+\sin(\pi n/2)$

【2】 $x(n)$ は周期 N の周期数列とする．以下に挙げる信号のフーリエ係数を $x(n)$ の係数 c_k を用いて表せ．
　（1）　$x(n-n_0)$
　（2）　$x(n)-x(n-2)$
　（3）　$x(n)+x(N-n)$

【3】 以下の離散時間，非周期信号をフーリエ変換せよ．
　（1）　$x(n)=a^n u(n)\quad (|a|<1)$
　（2）　$x(n)=a^{|n|}\quad (|a|<1,\ -\infty\leqq n\leqq\infty)$
　（3）　$x(n)=a^{|n|}\mathrm{sgn}(n)\quad (|a|<1,\ -\infty\leqq n\leqq\infty)$

【4】 離散時間信号 $x(n)$ に対する DTFT を $X(\Omega)$ とするとき
$$\sum_{n=-\infty}^{\infty}|x(n)|^2=\frac{1}{2\pi}\int_{2\pi}|X(\Omega)|^2 d\Omega$$
が成立することを示せ．

【5】 離散時間信号 $x(n)$ の DTFT $X(\Omega)$ を図 4.15 とする．以下の信号の離散時間フーリエ変換を図示せよ．
　（1）　$y(n)=x(2n)$　　（2）　$y(n)=x(n)\cos(n\pi/2)$

図4.15

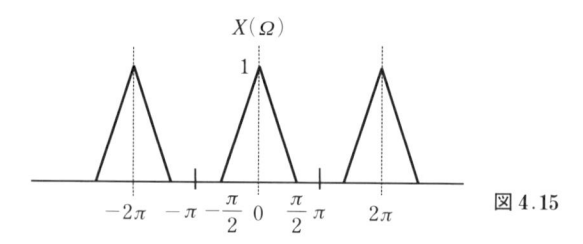

(3) $y(n) = (-1)^n x(n)$

【6】(1) 4点のデータ列 $x(0)=1$, $x(1)=1$, $x(2)=0$, $x(3)=2$ の4点DFTを求めよ。

(2) 実信号列の8点DFTにおいて,はじめの5点が
$\{0.25,\ 0.125,\ -j0.3018,\ 0,\ 0.0125\}$
で与えられたとき,残る3点の値を求めよ。

【7】長さ N の二つの信号列 $x_1(n)$, $x_2(n)$ の巡回畳込みをDFT,IDFTを用いて計算できることを示せ。
$$x_1(n) * x_2(n) \underset{\mathrm{DFT}}{\leftrightarrow} X_1(k) \cdot X_2(k)$$
ここで,$x_1(n) \underset{\mathrm{DFT}}{\leftrightarrow} X_1(k)$, $x_2(n) \underset{\mathrm{DFT}}{\leftrightarrow} X_2(k)$ とする。

【8】インパルス応答 $h(n)$ が, $h(0)=1$, $h(1)=2$, $h(2)=3$ であるFIRシステムに入力信号 $x(n)$, $x(0)=1$, $x(1)=x(2)=2$, $x(3)=1$ を与えたときの出力信号 $y(n)$ をDFTとIDFTを用いて求めよ。

【9】差分方程式 $y(n) = -a_1 y(n-1) - a_2 y(n-2) + b_0 x(n)$ で与えられるシステムがある。このシステムの振幅特性 $A(\Omega)$ と位相特性 $\theta(\Omega)$ を求めよ。さらに,$a_1 = -2r\cos\omega_0$, $a_2 = r^2$, $b_0 = (1-r)\sqrt{1 + r^2 - 2r\cos 2\omega_0}$ とし,$\omega_0 = \pi/3$, $r = 0.95$ として振幅特性と位相特性を図示せよ。

【10】図4.16のシステムについて以下の問に答えよ。

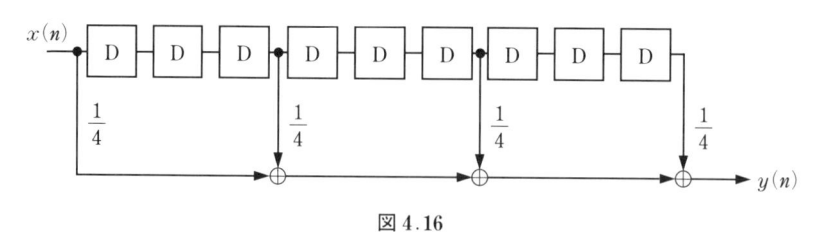

図4.16

(1) このシステムの $x(n)$ と $y(n)$ とを関係づける差分方程式を求めよ。
(2) 振幅特性,位相特性を求めよ。

5 ラプラス変換

本章では，連続系のフーリエ変換との違い，6章の z 変換との違いを理解できるように学ぶ。ラプラス変換は過去多くの教科書があるので，詳細はそれらの本を参照することを薦める。その基本的な考え方だけでも理解しておく必要があるので復習する。

5.1 ラプラス変換とフーリエ変換の関連

一般に信号 $x(t)$ のラプラス変換 $X(s)$ は，つぎのように定義される。

定義5.1 ラプラス変換
$$X(s) = \int_{-\infty}^{\infty} x(t) e^{-st} dt \tag{5.1}$$

$s = \sigma + j\omega$ であり，以下のように記述される。

$$X(s) = L(x(t)) \tag{5.2}$$

$s = j\omega$ として，式 (5.1) に代入すると

$$X(s) = X(j\omega) = \int_{-\infty}^{\infty} x(t) e^{-j\omega t} dt \tag{5.3}$$

となり，フーリエ変換となる。ところで，式 (5.1) より

$$X(s) = X(\sigma + j\omega) = \int_{-\infty}^{\infty} x(t) e^{-(\sigma + j\omega)t} dt = \int_{-\infty}^{\infty} \{x(t) e^{-\sigma t}\} e^{-j\omega t} dt$$

であるから，ラプラス変換は $x(t) e^{-\sigma t}$ のフーリエ変換として考えられる。このことを試してみる。

信号 $x(t) = e^{-at} u(t)$ のフーリエ変換 $X(\omega)$ は，$a > 0$ で収束し

5. ラプラス変換

$$X(\omega) = \int_{-\infty}^{\infty} e^{-at} u(t) e^{-j\omega t} dt = \int_{0}^{\infty} e^{-at} e^{-j\omega t} dt$$

$$= \int_{0}^{\infty} e^{-(a+j\omega)t} dt = \frac{1}{a+j\omega} \quad (a>0)$$

一方,ラプラス変換は式(5.1)より

$$X(s) = \int_{-\infty}^{\infty} e^{-at} u(t) e^{-st} dt = \int_{0}^{\infty} e^{-at} e^{-st} dt = \int_{0}^{\infty} e^{-(a+s)t} dt = \frac{1}{s+a} \tag{5.4}$$

となる。ここで,$s=\sigma+j\omega$ であるから,式(5.4)は以下のようにも表現できる。

$$X(s) = X(\sigma+j\omega) = \int_{0}^{\infty} e^{-at} e^{-(\sigma+j\omega)t} dt = \int_{0}^{\infty} e^{-(a+\sigma)t} e^{-j\omega t} dt \tag{5.5}$$

式(5.5)の右辺の最後の項の被積分関数は図1.4(c)に示す $r_k<0$ の場合のような減衰関数であるから,$X(s)$ がある値を持つためには,$a+\sigma>0$ でなければならない。これを**有解な値**を持つという。有解な値を持つためには t が無限大で,被積分関数が**収束**しなければならない。収束するという言葉は,無限大でその値が0になることを意味する。

したがって,式(5.5)の積分が収束するための解が安定な条件は

$$a+\sigma>0 \;\Rightarrow\; \sigma>-a \;\Rightarrow\; \mathrm{Re}\{s\}>-a$$

となる。この収束領域を図5.1に示す。Re:実軸(実数を表す軸)で σ が変数,Im:虚軸(虚数を表す軸)で $j\omega$ が変数で表された平面を本章では s 平面と呼ぶことにする。

このように考えると,フーリエ変換は $\sigma=0$ の場合であるから,虚軸上の $j\omega$

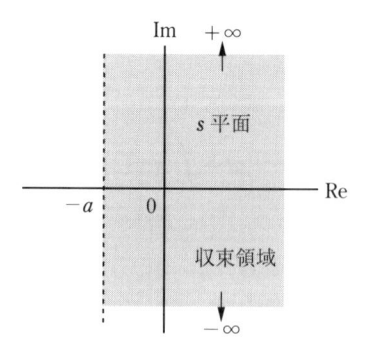

図5.1 ラプラス変換収束領域(1)

5.1 ラプラス変換とフーリエ変換の関連

変換であることがわかる.すなわち,ラプラス変換が実数と虚数の2次元平面で表されるのに対して,フーリエ変換は,ただ虚数の1次元の直線状で表される.したがって,フーリエ変換は,図の虚軸上のみの振る舞いであった.

ゆえに,信号 $x(t)=e^{-at}u(t)$ のラプラス変換 $X(s)$ は

$$X(s)=\frac{1}{s+a} \quad (\mathrm{Re}\{s\}>-a)$$

として求められ,その収束範囲は $\sigma>-a$ で,$j\omega$ 軸を含むからフーリエ変換は存在するわけである.

$x(t)=-e^{-at}u(-t)$ を考えよう.$x(t)=e^{-at}u(t)$ との関連性を把握してほしい.このときのラプラス変換 $X(s)$ は

$$X(s)=-\int_{-\infty}^{\infty}e^{-at}u(-t)e^{-st}dt=-\int_{-\infty}^{0}e^{-(s+a)t}dt$$
$$=\int_{\infty}^{0}e^{(s+a)p}dp=-\int_{0}^{\infty}e^{(s+a)p}dp$$

この解が有解な値を持つためには $(s+a)<0$ であればよい.そのとき,ラプラス変換 $X(s)$ は

$$X(s)=\frac{1}{s+a} \quad (\mathrm{Re}\{s+a\}<0 \Rightarrow \mathrm{Re}\{s\}=\sigma<-a)$$

となる.このラプラス変換は $\mathrm{Re}\{s\}<-a$ であるから,$j\omega$ 軸(虚軸)を含まない.したがって,フーリエ変換は存在しないことになる(**図 5.2**).

$x(t)=e^{-t}u(t)+e^{-2t}u(t)$ のラプラス変換 $X(s)$ は

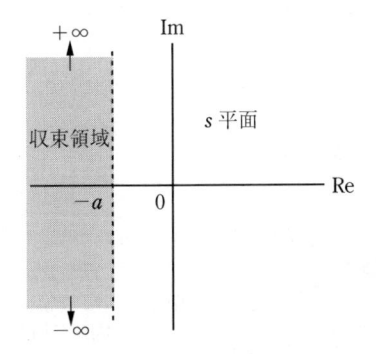

図 5.2 ラプラス変換
収束領域(2)

$$X(s) = \int_0^\infty (e^{-(s+1)t} + e^{-(s+2)t})\,dt = \frac{1}{s+1} + \frac{1}{s+2}$$

右辺の第1項は $\mathrm{Re}\{s\} > -1$, 第2項は $\mathrm{Re}\{s\} > -2$ であるならば収束するから, 右辺が収束するためには $\mathrm{Re}\{s\} > -1$ であればよい。すなわち

$$X(s) = \frac{1}{s+1} + \frac{1}{s+2} = \frac{2s+3}{(s+1)(s+2)} = \frac{2s+3}{s^2+3s+2} \quad (\mathrm{Re}\{s\} > -1) \tag{5.6}$$

一般にラプラス変換は複素変数 s の多項式の比 $X(s) = N(s)/D(s)$, 分子多項式 $N(s)$ と分母多項式 $D(s)$ で示され, 分子多項式の根 $N(s) = 0$ を零点 (zero：図中の○), 分母多項式の根 $D(s) = 0$ を極 (pole：図中の×) で表される。式 (5.6) を図 5.3 に示す。

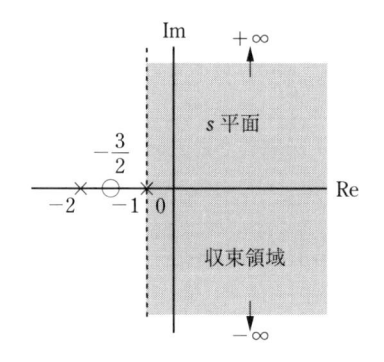

図 5.3 ラプラス変換収束領域 (3)

極と零点の概念は, 山と谷を表す地形を考えてみるとわかりやすい。図 5.4 に示すように, 無限大の高さの山, 海抜 0 m の谷である。後でわかるが, 周波数振幅特性は $j\omega$ 軸上の周波数の点からこれらの極と零点を見たときの風景

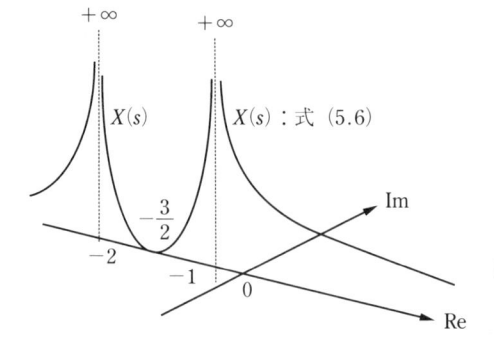

図 5.4 極, 零点の立体図形の概念

だと思えば，合致する．

つぎの式

$$x(t) = \delta(t) - \frac{4}{3}e^{-t}u(t) + \frac{1}{3}e^{2t}u(t)$$

のラプラス変換 $X(s)$ は

$$X(s) = 1 - \frac{4}{3} \cdot \frac{1}{s+1} + \frac{1}{3} \cdot \frac{1}{s-2} = \frac{(s-1)^2}{(s+1)(s-2)} \tag{5.7}$$

このラプラス変換の収束範囲は $\mathrm{Re}\{s\} > 2$ であるから，$j\omega$ 軸を含んでいない．つまりフーリエ変換は存在しない．**図5.5**に $X(s)$ の s 平面を描く．これより，ラプラス変換が有理関数のときの収束領域内には極を持たないことがわかる．図中の◎は二重零点である．

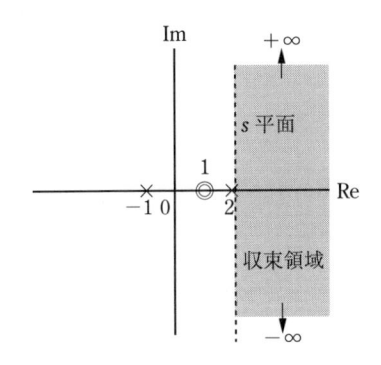

図5.5 ラプラス変換収束領域（4）

$x(t) = e^{-at}$ $(0 < t < T)$（それ以外は0）のラプラス変換 $X(s)$ は

$$X(s) = \int_0^T e^{-at}e^{-st}dt = \left[\frac{1}{s+a}e^{-(s+a)t}\right]_0^T = \frac{1}{s+a}(1 - e^{-(s+a)T}) \tag{5.8}$$

となり，積分範囲が0から T までで，その積分値は有解である．したがって，収束領域は全 s 平面となる．つぎに極と零点を考察してみよう．極は分母から $s+a=0$，したがって $s=-a$ である．零点は分子から $e^{-(s+a)T} = 1 = e^{-j2\pi k}$，ただし k は整数，すなわち，$s = -a + j2\pi k/T$ である．$k=0$ では零点と極が重なり合い，消滅してしまうことに注意する．したがって，s 平面は**図5.6**のように示すことができる．

$x(t) = e^{-a|t|}$ $(a>0)$ のラプラス変換を求める．すなわち，$x(t) = e^{-at}u(t)$

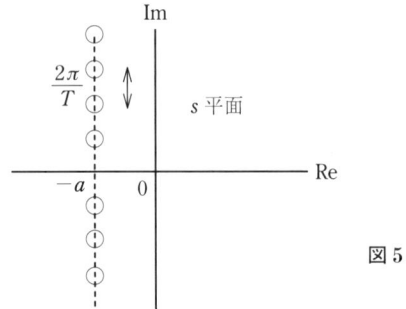

図 5.6　ラプラス変換
　　　　収束領域（5）

$+e^{at}u(-t)$ $e^{-at}u(t)$ のラプラス変換は $1/(s+a)$ $(\mathrm{Re}\{s\}>-a)$，$e^{at}u(-t)$ のラプラス変換は

$$\frac{1}{s-a} \quad (\mathrm{Re}\{s\}<a)$$

であるから

$$X(s)=\frac{1}{s+a}-\frac{1}{s-a}=\frac{-2a}{s^2-a^2} \tag{5.9}$$

収束領域は図 5.7 に示すように $-a<\mathrm{Re}\{s\}<a$ となる。

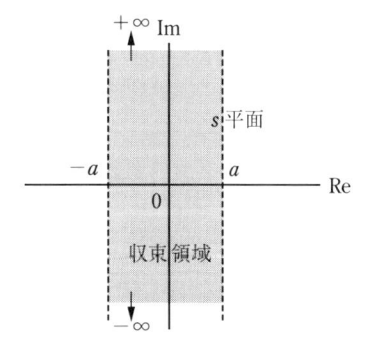

図 5.7　ラプラス変換
　　　　収束領域（6）

5.2　逆ラプラス変換

$s=\sigma+j\omega$ として，$\mathrm{Re}\{s\}=\sigma$ の右半平面が収束領域内であるなら，信号 $x(t)$ のラプラス変換 $X(s)=X(\sigma+j\omega)$ は

$$X(\sigma+j\omega) = F\{x(t)\,e^{-\sigma t}\} = \int_{-\infty}^{\infty}\{x(t)\,e^{-\sigma t}\}e^{-j\omega t}dt$$

であるから，その逆フーリエ変換は

$$x(t)\,e^{-\sigma t} = F^{-1}\{X(\sigma+j\omega)\} = \frac{1}{2\pi}\int_{-\infty}^{\infty}X(\sigma+j\omega)\,e^{j\omega t}d\omega$$

上式の両辺に $e^{\sigma t}$ をかけると

$$x(t) = \frac{1}{2\pi}\int_{-\infty}^{\infty}X(\sigma+j\omega)\,e^{\sigma t}e^{j\omega t}d\omega = \frac{1}{2\pi}\int_{-\infty}^{\infty}X(s)\,e^{st}d\omega$$

ここで，$s=\sigma+j\omega$ と $ds=jd\omega$ より

$$x(t) = \frac{1}{2\pi j}\int_{\sigma-j\infty}^{\sigma+j\infty}X(s)\,e^{st}ds \tag{5.10}$$

つぎのラプラス変換の逆変換 $x(t)$ を求める。

$$X(s) = \frac{1}{(s+1)(s+2)} = \frac{1}{s+1} - \frac{1}{s+2}$$

$X(s)=1/(s+1)$ のとき

$$x(t) = \frac{1}{2\pi j}\int_{\sigma-j\infty}^{\sigma+j\infty}X(s)\,e^{st}ds = \frac{1}{2\pi j}\int_{\sigma-j\infty}^{\sigma+j\infty}\frac{1}{s+1}e^{st}ds$$

$$= \frac{1}{2\pi j}2\pi j\,Res\left[\frac{e^{st}}{s+1}\right]_{s=-1}$$

複素関数論の留数定理（Cauthy の定理）より $x(t)=e^{-t}u(t)$ が得られる。
したがって，Re$\{s\}>-1$ のとき，$x(t)=(e^{-t}-e^{-2t})u(t)$ となる。

5.3　ラプラス変換の諸性質

1) **線形性**　　$ax_1(t)+bx_2(t) \Leftrightarrow aX_1(s)+bX_2(s)$

【証明】

$$X(s) = \int_{-\infty}^{\infty}(ax_1(t)+bx_2(t))\,e^{-st}dt$$

$$= \int_{-\infty}^{\infty}ax_1(t)\,e^{-st}dt + \int_{-\infty}^{\infty}bx_2(t)\,e^{-st}dt$$

$$= a\int_{-\infty}^{\infty}x_1(t)\,e^{-st}dt + b\int_{-\infty}^{\infty}x_2(t)\,e^{-st}dt = aX_1(s)+bX_2(s)$$

以下は証明を略す．

2) 時間シフト　　$x(t-t_0) \Leftrightarrow e^{-st_0}X(s)$
3) s領域シフト　　$e^{s_0 t}x(t) \Leftrightarrow X(s-s_0)$
4) 時間の拡大・縮小　　$x(at) \Leftrightarrow \dfrac{1}{|a|}X\left(\dfrac{s}{a}\right)$
5) 畳込み　　$x_1(t)x_2(t) \Leftrightarrow X_1(s)X_2(s)$
6) 時間領域における微分　　$\dfrac{dx(t)}{dt} \Leftrightarrow sX(s)$
7) s領域における微分　　$-tx(t) \Leftrightarrow \dfrac{dX(s)}{ds}$
8) 時間領域における積分　　$\displaystyle\int_{-\infty}^{t} x(t)\,dt \Leftrightarrow \dfrac{1}{s}X(s)$
9) 初期値に関する定理　　$x(0) = \displaystyle\lim_{s\to\infty} sX(s)$　（$t<0$ で $x(t)=0$ の条件の下で）
10) 最終値に関する定理　　$\displaystyle\lim_{t\to\infty} x(t) = \lim_{s\to\infty} sX(s)$

5.4 片側ラプラス変換

定義 5.2　片側ラプラス変換

$$X(s) = \int_0^{\infty} x(t)\,e^{-st}dt \tag{5.11}$$

通常，ラプラス変換というと片側ラプラス変換をいう例が多い．両側ラプラス変換と片側ラプラス変換を比較してみよう．

$$x(t) = e^{-a(t+1)}u(t+1) \tag{5.12}$$

両側ラプラス変換では

$$X(s) = \int_{-1}^{\infty} e^{-a(t+1)}e^{-st}dt = \int_{-1}^{0} e^{-a(t+1)}e^{-st}dt + \int_{0}^{\infty} e^{-a(t+1)}e^{-st}dt$$

$$= \dfrac{e^s}{s+a} \quad (\mathrm{Re}\{s\} > -a)$$

片側ラプラス変換では

$$X(s) = \int_0^{\infty} e^{-a(t+1)}e^{-st}dt = \dfrac{e^{-a}}{s+a} \quad (\mathrm{Re}\{s\} > -a) \tag{5.13}$$

積分範囲が異なるため，その値は異なってくる．

5.5 片側ラプラス変換の部分積分公式

定義 5.3 片側ラプラス変換の部分積分公式

$$\int_0^\infty \frac{dx(t)}{dt} e^{-st} dt = [x(t)e^{-st}]_0^\infty + s\int_0^\infty x(t)e^{-st} dt$$
$$= sX(s) - x(0) \quad (5.14)$$

$$\int_0^\infty \frac{d^2x(t)}{dt^2} e^{-st} dt = \left[\frac{dx(t)}{dt} e^{-st}\right]_0^\infty + [x(t)e^{-st}]_0^\infty + s\int_0^\infty x(t)e^{-st} dt$$
$$= s^2 X(s) - sx(0) - x'(0) \quad (5.15)$$

式 (5.14)，(5.15) は微分方程式の解法に役立つ．回路理論では，コンデンサ，インダクタンス，抵抗などはすべて微分方程式や積分方程式で表され，その動作を知るのに重要となる．

つぎの微分方程式を求める．

$$\frac{d^2x(t)}{dt^2} + 4\frac{dx(t)}{dt} + 3x(t) = 0 \quad (5.16)$$

ここで，初期値 $x'(0) = -2$, $x(0) = 1$ とする．式 (5.16) のラプラス変換は，$x(t)$ を $X(s)$ に変換して

$$s^2 X(s) - sx(0) - x'(0) + 4(sX(s) - x(0)) + 3X(s) = 0$$

上式を整理して

$$(s^2 + 4s + 3)X(s) = sx(0) + x'(0) + 4x(0) = (s+4)x(0) + x'(0)$$

$$X(s) = \frac{s+2}{(s+3)(s+1)} = \frac{1/2}{s+3} + \frac{1/2}{s+1}$$

したがって，その逆ラプラス変換は

$$x(t) = \frac{1}{2} e^{-3t} u(t) + \frac{1}{2} e^{-t} u(t)$$

となる．

演習問題

【1】 以下の時間領域の関数のそれぞれについて,ラプラス変換を求め,収束領域と極・零点の配置を求めよ。

(1) $e^{-at}u(t)\ a<0$ 　(2) $-e^{at}u(-t)\ a>0$ 　(3) $e^{at}u(t)\ a>0$
(4) $e^{-a|t|}\ a>0$ 　(5) $u(t)$

【2】 つぎのラプラス変換 $X(s)$ と収束領域について,時間関数 $x(t)$ を求めよ。

(1) $\dfrac{1}{s+1}$ 　(Re$\{s\}>-1$) 　(2) $\dfrac{1}{s+1}$ 　(Re$\{s\}<-1$)

(3) $\dfrac{s}{s^2+4}$ 　(Re$\{s\}>-1$) 　(4) $\dfrac{s+1}{s^2+5s+6}$ 　(Re$\{s\}>-2$)

(5) $\dfrac{s+1}{s^2+5s+6}$ 　(Re$\{s\}>-3$)

6 z 変 換

ラプラス変換が連続系のフーリエ変換であるなら，本章の z 変換は離散値系のフーリエ変換である。この違いを十分に把握することは大切である。本章の最後に変換の違いを表 6.2 に示してある。

6.1 z 変換の定義

離散値系のフーリエ変換は以下の式で表せた（式（4.19）参照）。

$$X(\Omega) = \sum_{n=-\infty}^{\infty} x(n) e^{-j\Omega n}$$

ここで，$\Omega = 2\pi k/N$ である。z 変換では，$z = e^{j\Omega}$ として定義する。

定義 6.1 z 変換
$$X(z) = \sum_{n=-\infty}^{\infty} x(n) z^{-n} \tag{6.1}$$

これを $x(n)$ の **z 変換**という。図 6.1 に z の意味を示す。z は振幅 $|z|=r$，位相 Ω を持つ複素数である。

この z 変換と離散値系のフーリエ変換との違いを考えてみる。

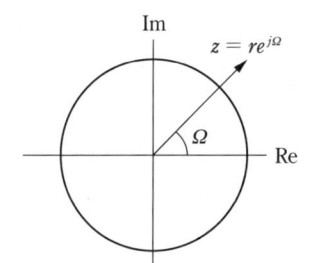

図 6.1 z の意味

$$X(z) = \sum_{n=-\infty}^{\infty} x(n) z^{-n} = \sum_{n=-\infty}^{\infty} x(n) (re^{j\Omega})^{-n} = \sum_{n=-\infty}^{\infty} (x(n) r^{-n}) e^{-j\Omega n}$$

となり，$X(z)=X(re^{j\Omega})$ は信号 $x(n)$ に実指数関数 r^{-n} を乗じた値の離散値系のフーリエ変換となる。これは，ちょうどラプラス変換が $s=\sigma+j\omega$ に拡張されたときに

$$X(s) = X(j\omega) = \int_{-\infty}^{\infty} (x(t) e^{-\sigma t}) e^{-j\omega t} dt$$

と同じ考え方であることがわかる。

したがって，z 変換は指数関数の荷重をかけた数列の離散値系のフーリエ変換であるといえる。これから，z 変換の収束条件は，$x(n)r^{-n}$ のフーリエ変換が収束しなければならない。

ここで，もう少し z 変換の意味を考える。$r=1$ のときは，すなわち，$|z|=r=1$，z 変換が離散値系のフーリエ変換となり，このとき単位円と呼ぶ。ラプラス変換が $s=j\omega$ のとき，連続系のフーリエ変換となるのと同様である。

定義 6.2

$$X(z) = \sum_{n=-\infty}^{\infty} x(n) z^{-n} \quad \text{（両側 z 変換）} \tag{6.1}$$

$$X(z) = \sum_{n=0}^{\infty} x(n) z^{-n} \quad \text{（片側 z 変換）} \tag{6.2}$$

$x(n)=a^n u(n)$ の z 変換を求めてみる。

$$X(z) = \sum_{n=-\infty}^{\infty} a^n u(n) z^{-n} = \sum_{n=0}^{\infty} (az^{-1})^n \tag{6.3}$$

この数列は，n が 0 から増加して ∞ までの総和で表され，$n=0$ を中心として考えて，n が正の方向に変化するときに右側に書くので，一般に**右側数列**といっている。この数列の和がある有限の値を持つことを収束するという。このためには，$|az^{-1}|<1$ である z の値の範囲が条件となる。すなわち

$$|az^{-1}| = \left|\frac{a}{z}\right| = \frac{|a|}{|z|} < 1 \Rightarrow |z| > |a| \tag{6.4}$$

このとき，式 (6.3) が収束して，総和がある値を持つことになる。

6.1 z 変換の定義

$$X(z) = \sum_{n=0}^{\infty} (az^{-1})^n = \frac{1}{1-az^{-1}} = \frac{z}{z-a} \tag{6.5}$$

この関数は，$z=a$ で極を持ち，$z=0$ で零点を持つ．また $|a|>1$ の場合，単位円を含まないから，フーリエ変換は存在しない．**図 6.2** に **収束領域** (ROC：region of convergence) と単位円 ($r=1$)，極は×，零点は○，アミ部分は z 平面と収束領域を示す．

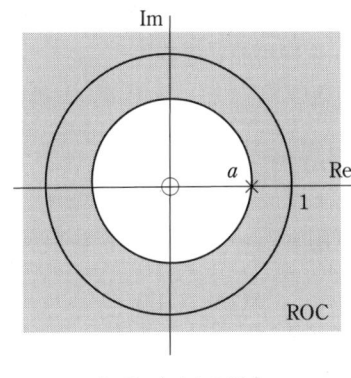

図 6.2 式 (6.5) の z 平面と収束領域

$0<|a|<1$ の場合

以上より，時間領域 $x(n)$ の右側数列は，収束領域が外側にできることがわかる．ここで，$a=1$ のとき，$x(n)$ はユニットステップ信号 $u(n)$ で

$$X(z) = \frac{1}{1-z^{-1}} \quad (|z|>1) \tag{6.6}$$

となることを覚えておこう．

$x(n) = -a^n u(-n-1)$ の z 変換を求める．この式は $-\infty \leq n \leq -1$ で $x(n) = -a^n$ が存在するのであるから，一般に **左側数列** という．

$$X(z) = \sum_{n=-\infty}^{\infty} x(n) z^{-n} = -\sum_{n=-\infty}^{\infty} a^n u(-n-1) z^{-n}$$

$$= -\sum_{n=-\infty}^{-1} a^n z^{-n} = -\sum_{n=\infty}^{1} a^{-n} z^n = -\left(\sum_{n=0}^{\infty} a^{-n} z^n - 1\right)$$

$n \to -n$ に置き換える

$$= 1 - \sum_{n=0}^{\infty} (a^{-1} z)^n \tag{6.7}$$

この数列の総和がある有限の値を持つためには，$|a^{-1}z|<1$（$|z|<(a)$）でなければならない。このとき

$$X(z) = 1 - \frac{1}{1-a^{-1}z} = \frac{-z}{a-z} = \frac{z}{z-a} \tag{6.8}$$

式（6.8）は式（6.5）と同じ結果を持つが，収束条件が異なることに注意する必要がある。

$|a|<1$ のとき，単位円を含まないのでフーリエ変換は存在しないが，$|a|>1$ のとき，単位円を含むのでフーリエ変換可能となる。

つぎの z 変換を求めてみる。

$$x(n) = \left(\frac{1}{3}\right)^n u(n) + \left(\frac{1}{4}\right)^n u(n)$$

$$X(z) = \Sigma\left\{\left(\frac{1}{3}\right)^n + \left(\frac{1}{4}\right)^n\right\} u(n) z^{-n}$$

$$= \frac{1}{1-z^{-1}/3} + \frac{1}{1-z^{-1}/4} = \frac{z(2z-7/12)}{(z-1/3)(z-1/4)} \tag{6.9}$$

収束条件は，$|z^{-1}/3|<1$，$|z^{-1}/4|<1$ から $|z|>1/3$，$|z|>1/4$，同時に満たす条件は $|z|>1/3$ である。この場合，単位円を含むのでフーリエ変換は存在し，かつ収束して $X(z)$ は値を持つ。

信号 $x(n) = a^n$ （$0 \leq n \leq N-1$）についてその他の n で 0 とし，$0<|a|<1$ とする。この z 変換を求めてみよう。

この式の意味は n が決められた範囲で，$x(n)$ が有限値を持つということである。したがって，その総和も有限値になることは明らかである。

$$X(z) = \sum_{n=0}^{N-1} a^n z^{-n} = \sum_{n=0}^{N-1} (az^{-1})^n$$

$$= \frac{1-(az^{-1})^N}{1-(az^{-1})} = \frac{1}{z^{N-1}} \cdot \frac{z^N - a^N}{z-a} \tag{6.10}$$

$z=0$ で $N-1$ 個の極（×）を持ち，$z=a$ で 1 個の極を持つ。零点（○）は $z_k = ae^{jk(2\pi/N)}$ であるが，$z_0 = a$ となるので，$X(z)$ の $k=0$ の根 $z=a$ にある零点と極は相殺される。z 平面と収束領域を図 **6.3** に示す。

$x(n) = a^{|n|}$ （$a>0$, $a \neq 1$）の z 変換を求めてみよう。この数列は $0<a<1$

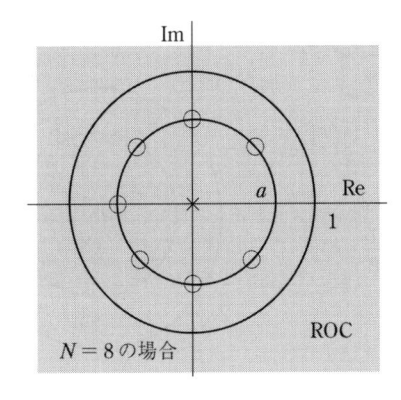

図6.3 式 (6.10) の z 平面と収束領域 ($N=8$ の場合)

と $a>1$ に分け,さらに $x(n)$ の数列を右側,左側との和として求めてみる。

$$x(n)=a^n u(n)+a^{-n}u(-n-1)$$

1) $a^n u(n)$ の場合, z 変換は式 (6.5) から

$$X(z)=\frac{1}{1-az^{-1}} \quad (|z|>|a|)$$

図 6.4 に $|a|<1$ の場合を,図 6.5 に $|a|>1$ の場合を示す。

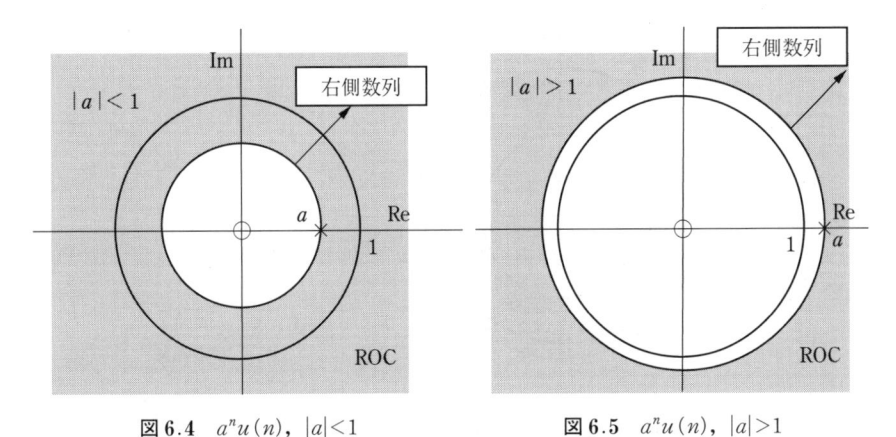

図6.4 $a^n u(n)$, $|a|<1$

図6.5 $a^n u(n)$, $|a|>1$

2) $a^{-n}u(-n-1)$ の場合, z 変換は式 (6.8) から

$$X(z)=\frac{1}{1-a^{-1}z^{-1}} \quad \left(|z|<\frac{1}{|a|}\right)$$

図 6.6 に $|a|<1$ の場合を,図 6.7 に $|a|>1$ の場合を示す。

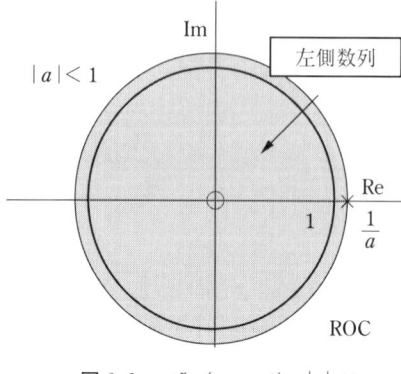

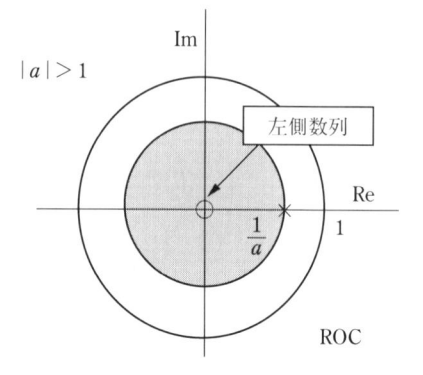

図 6.6　$a^{-n}u(-n-1)$, $|a|<1$　　図 6.7　$a^{-n}u(-n-1)$, $|a|>1$

$|a|>1$ の場合はたがいに重なる範囲はない。すなわち，z 変換を持たない。$|a|<1$ の場合，収束領域は $|a|<|z|<1/|a|$ となり，このときの z 変換は

$$X(z)=\frac{1}{1-az^{-1}}-\frac{1}{1-a^{-1}z^{-1}}=\frac{a^2-1}{a}\cdot\frac{z}{(z-a)(z-a^{-1})} \tag{6.11}$$

となる。図 6.8 に z 平面と収束領域を示す。

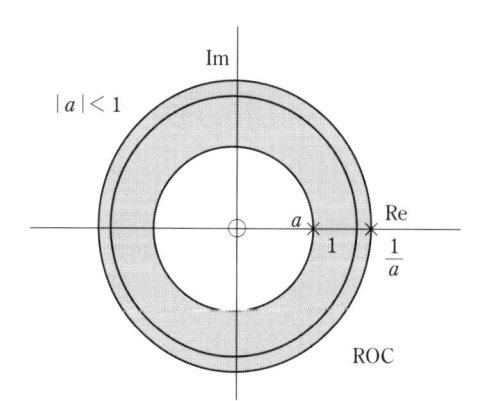

図 6.8　z 平面と収束領域

つぎの式がフーリエ変換を持つ範囲を考えてみよう。

$$X(z)=\frac{1}{(1-z^{-1}/3)(1-3z^{-1})}$$

式（6.11）を参照して

$$X(z)=\frac{z}{(z-3)(z-1/3)}$$

となり，単位円（$|z|=r=1$）を含む収束範囲がフーリエ変換を有するから，この範囲で逆 z 変換が存在することになる。図 6.9 に z 平面と収束領域を示す。

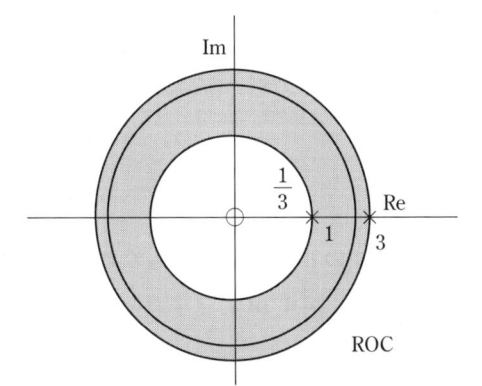

図 6.9 z 平面と収束領域

6.2 逆 z 変 換

前節より，$x(n)$ の z 変換 $X(z)=X(re^{j\varOmega})$ は数列 $x(n)$ に実指数関数 r^{-n} を乗じたものの離散値系のフーリエ変換となるので，離散値系のフーリエ変換を $F[x(n)]$ とすれば

$$X(z)=F[x(n)\,r^{-n}]$$

$|z|=r=1$ は収束領域 ROC 内にあるとする。この逆フーリエ変換は

$$x(n)\,r^{-n}=F^{-1}[X(z)]$$

と表され，両辺を r^n 倍する。

$$x(n)=r^n F^{-1}[X(z)]=r^n \frac{1}{2\pi}\int_{2\pi}X(z)\,e^{j\varOmega n}d\varOmega$$

$$=\frac{1}{2\pi}\int_{2\pi}X(z)\,(re^{j\varOmega})^n d\varOmega \tag{6.12}$$

$z=re^{j\varOmega}$ であり，被積分関数の変数は $\varOmega$ であるから，r を定数とすれば $dz=jre^{j\varOmega}d\varOmega=jzd\varOmega$ より

$$d\varOmega=\frac{1}{jz}dz$$

ゆえに

$$x(n) = \frac{1}{2\pi} \int_{2\pi} X(z) z^n \frac{1}{jz} dz = \frac{1}{2\pi j} \oint X(z) z^{n-1} dz \qquad (6.13)$$

式（6.13）は複素積分で，**留数定理**（Cauthy の定理）と呼ばれている．すなわち，$x(n)$ は周回積分 2π 内の $X(z) z^{n-1}$ の極の留数の和で表される．

次式の逆 z 変換を求めてみよう．

$$X(z) = \frac{3 - 5z^{-1}/6}{(1 - z^{-1}/4)(1 - z^{-1}/3)} \quad (|z| > 1/3 \text{ のとき})$$

まず，部分分数展開を行う．$|z| > 1/3$ のときは右側数列であるから，ROC は単位円内で部分分数展開が可能になる．図 6.10 に z 平面と収束領域を示す．

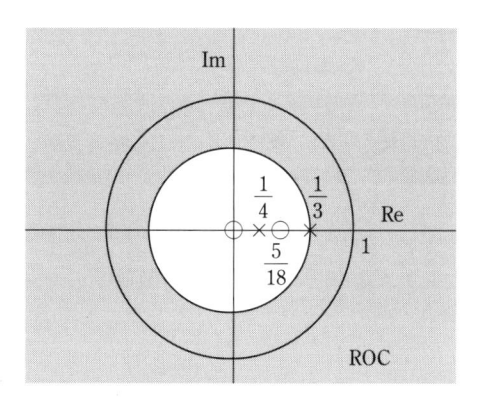

図 6.10　z 平面と収束領域

$$X(z) = \frac{2}{(1 - z^{-1}/3)} + \frac{1}{(1 - z^{-1}/4)} \qquad (6.14)$$

式（6.14）の右辺の第 1 項目の逆 z 変換を考える．

$$X(z) = \frac{2}{1 - z^{-1}/3}$$

の逆 z 変換は，式（6.13）を用いて

$$x(n) = \frac{1}{2\pi j} \oint \frac{2}{1 - z^{-1}/3} z^{n-1} dz = \frac{1}{2\pi j} \oint \frac{2z^n}{z - 1/3} dz$$

ところで，留数（Res：Resdue）

$$Res\left[\oint \frac{1}{z} dz\right] = 2\pi j, \quad Res\left[\oint \frac{1}{z^m} dz\right] = 0 \quad (m > 1)$$

であるから

1) $n \geqq 0$ のとき,$z=1/3$ に極を持つ。

$$x(n) = Res\left[\frac{1}{2\pi j}\oint\frac{2z^n}{z-1/3}dz\right] = 2\pi j\frac{1}{2\pi j}\left[\frac{2z^n}{(z-1/3)}(z-1/3)\right]_{z=1/3}$$

$$= 2\left(\frac{1}{3}\right)^n u(n) \tag{6.15}$$

$z=1/3$ を分子に代入し,$n \geqq 0$ であるから $u(n)$ をつける。

2) $n=-1$ のとき

$$X(z)z^{n-1} = \frac{2z^n}{(z-1/3)} = \frac{2}{z}\cdot\frac{1}{z-1/3} = 2\cdot 3\left(\frac{1}{z-1/3} - \frac{1}{z}\right)$$

より,$x(n) =$ 留数の和 $=6(1-1)=0$ となる。

3) $n<-1$ のとき,$2/(1-z^{-1}/3)$ の割り算を行う。

$$X(z)z^{n-1} = 2z^{-|n|-1}\left(1 + \frac{1}{3}z^{-1} + \left(\frac{1}{3}\right)^2 z^{-2} + \cdots\right)$$

より,$x(n) =$ 留数の和 $=0+0+0+\cdots=0$ より,以下のようになる。

$$x(n) = 2\left(\frac{1}{3}\right)^n u(n) + \left(\frac{1}{4}\right)^n u(n) \tag{6.16}$$

逆 z 変換を求める方法に非常に役に立つ方法がある。それは直接割る方法で,**べき級数展開法**と呼ばれている。

つぎの逆変換を求めてみよう。

$$X(z) = \frac{1}{1-az^{-1}} \quad (|z|>|a|)$$

$|z|>|a|$ であるから,右側数列となる。

$$\begin{array}{r}
1 + az^{-1} + a^2z^{-2} + \cdots \\
1-az^{-1}\overline{)1} \\
\underline{1-az^{-1}} \\
+az^{-1} \\
\underline{az^{-1}-a^2z^{-2}} \\
+a^2z^{-2}
\end{array}$$

したがって

$$X(z)=\frac{1}{1-az^{-1}}=1+az^{-1}+a^2z^{-2}+\cdots$$

となり，これを $x(n)$ の z 変換の定義と対応させると

$$X(z)=\sum_{n=-\infty}^{\infty}x(n)z^{-n}=\cdots+x(-2)z^2+x(-1)z^1$$
$$+x(0)+x(1)z^{-1}+x(2)z^{-2}+\cdots$$

$x(n)=0 \quad (n<0)$

$x(0)=1, \ x(1)=a, \ x(2)=a^2, \ x(3)=a^3, \ \cdots \quad (n\geqq 0)$

となり，次式が得られる。

$$x(n)=a^n u(n) \tag{6.17}$$

上の例では，$|z|>|a|$ であったが，$|z|<|a|$ では当然，左側数列となる。この場合は，被除数の順序を変えて行う。

$$\begin{array}{r} -a^{-1}z-a^{-2}z^2-\cdots \\ -az^{-1}+1 \overline{)\, 1 \phantom{-a^{-1}z-a^{-2}z^2-\cdots}} \\ \underline{1-a^{-1}z} \\ +a^{-1}z \\ \underline{a^{-1}z-a^{-2}z^2} \\ +a^{-2}z^2 \end{array}$$

したがって

$$X(z)=\frac{1}{1-az^{-1}}=-a^{-1}z-a^{-2}z^2-\cdots$$

となり，これを $x(n)$ の z 変換と対応させると

$$X(z)=\sum_{n=-\infty}^{\infty}x(n)z^{-n}=\cdots+x(-3)z^3+x(-2)z^2+x(-1)z^1$$
$$+x(0)+x(1)z^{-1}+x(2)z^{-2}+\cdots$$

$x(n)=0 \quad (n\geqq 0)$

$x(-1)=-a^{-1}, \ x(-2)=-a^{-2}, \ x(-3)=a^{-3}, \ \cdots \quad (n<0)$

となり，次式が得られる。

$$x(n)=-a^n u(-n-1) \tag{6.18}$$

$X(z)=\log(1+az^{-1})$，$|z|>|a|$ のときの逆 z 変換を求める。

$|z|>|a|$ から $|az^{-1}|<1$ で，つぎのテイラー展開を用いる。

$$\log(1+x) = \sum_{n=1}^{\infty} (-1)^{n+1} \frac{x^n}{n} \quad (|x|<1)$$

$$X(z) = \log(1+az^{-1}) = \sum_{n=1}^{\infty} (-1)^{n+1} \frac{(az^{-1})^n}{n}$$

$$X(z) = \sum_{n=-\infty}^{\infty} x(n) z^{-n}$$

上の2式を比較して，次式が得られる。

$$x(n) = -\frac{(-a)^n}{n} u(n-1) \tag{6.19}$$

6.3　z 変換の周波数応答

　フーリエ変換をその極，零点の配置から幾何学的に考察する。1次システムの伝達関数の簡単な例をとる。そのインパルス応答は $h(n)=a^n u(n)$ で表される。この z 変換は

$$H(z) = \frac{1}{1-az^{-1}} \quad (|z|>|a|)$$

となり，$|a|<1$ のとき，ROC は単位円を含み，フーリエ変換は存在し，$z=e^{j\Omega}$ ($r=1$) とした $H(z)$ の値に等しい。すなわち，周波数応答を求めたいときは，単位円上の値に投影した特性を求めればよいことになる。

　1次システム $H(z)=H(\Omega)$ の周波数応答は単位円上と考えればよいから，$z=e^{j\Omega}$ として

$$H(z) = \frac{1}{1-az^{-1}} \Rightarrow H(\Omega) = \frac{1}{1-ae^{-j\Omega}} = \frac{e^{j\Omega}}{e^{j\Omega}-a} = \frac{e^{j\Omega}}{|e^{j\Omega}-a|e^{j\theta}}$$

ここで

$$|e^{j\Omega}-a| = |\cos\Omega + j\sin\Omega - a| = |\cos\Omega - a + j\sin\Omega|$$
$$= \sqrt{1-2a\cos\Omega + a^2}$$

$$\theta = \tan^{-1}\left(\frac{\sin\Omega}{\cos\Omega - a}\right)$$

となるので，次式が得られる。

$$H(\Omega) = \frac{1}{\sqrt{1-2a\cos\Omega + a^2}} e^{j(\Omega-\theta)} \qquad (6.20)$$

ところで，$\Omega = k\Omega_0 = 2\pi k/N$，$N$ がサンプリング周波数 f_s に，k は周波数 f に対応しているのだから，$k/N = f/f_s$ となり，結局，$\Omega = 2\pi f/f_s$ となる。これを式 (6.20) に代入すると

$$H(f) = \frac{1}{\sqrt{1-2a\cos(2\pi f/f_s) + a^2}} e^{j(2\pi f/f_s - \theta)} = |H(f)|e^{j\psi} \qquad (6.21)$$

で，その振幅特性は

$$|H(f)| = \left| \frac{1}{\sqrt{1-2a\cos(2\pi f/f_s) + a^2}} \right| \qquad (6.22)$$

位相特性 $\psi(f)$ は，次式となる。

$$\psi(f) = 2\pi \frac{f}{f_s} - \tan^{-1}\left(\frac{\sin(2\pi f/f_s)}{\cos(2\pi f/f_s) - a} \right) \qquad (6.23)$$

図 **6.11** に式 (6.22) の振幅特性 $|H(f)|$ を，図 **6.12** に式 (6.23) の位相特性 $\psi(f)$ を示す。周波数 f/f_s が 0 から 1/2 までしか実際はとらないから，明らかに $0 < a < 1$ のときは低域通過フィルタとなり，$-1 < a < 0$ のときは高域通過フィルタとなることがわかる。a の値の違いによって性質が異なることがわかるだろう。

つぎに，極，零点の位置から幾何学的意味を考察しよう。

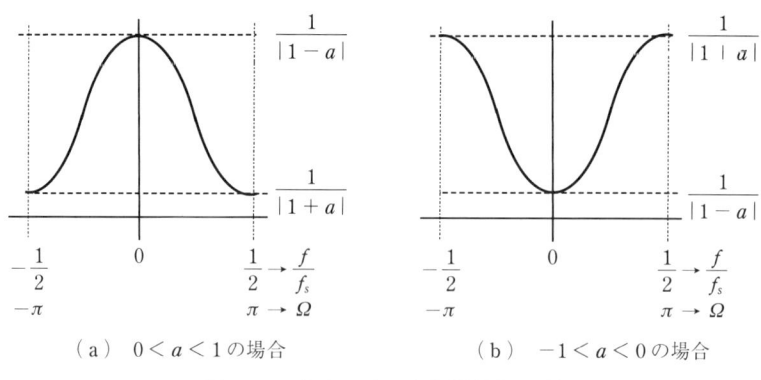

　　　　　(a)　$0 < a < 1$ の場合　　　　　　(b)　$-1 < a < 0$ の場合

図 **6.11**　式 (6.22) の振幅特性 $|H(f)|$

6.3 z変換の周波数応答

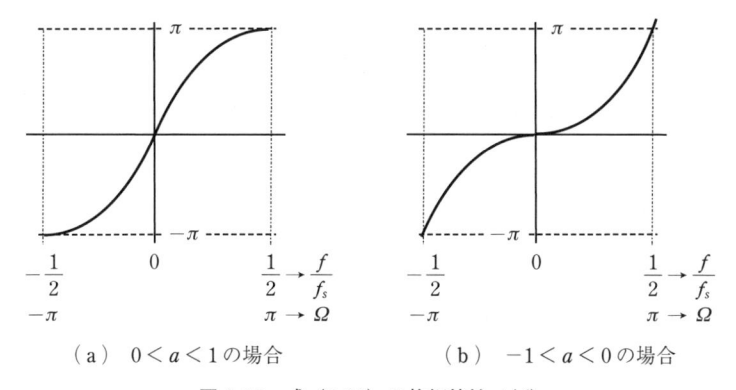

(a) $0<a<1$ の場合　　(b) $-1<a<0$ の場合

図 6.12　式 (6.23) の位相特性 $\phi(f)$

$$H(\Omega)=\frac{1}{1-az^{-1}}=\frac{z}{z-a}=\frac{V_1}{V_2}=\frac{z-z_1}{z-z_2} \tag{6.24}$$

この式の意味は，単位円上に $z=e^{j\Omega}$ があり，$\Omega=2\pi f/f_s$ であるから，$\Omega=0, 2\pi, 4\pi, \cdots$ のときに直流成分，サンプリング周波数を表し，周波数 f が変化すれば f/f_s が単位円上を動いて，$\Omega=\pi, 3\pi, 5\pi\cdots$ のとき，サンプリング周波数 f_s の半分，$f=f_s/2$ となる。

したがって，式 (6.24) をベクトルで表すと，$0<a<1$ の場合，$z_1(0,0)$，$z_2(a,0)$ から単位円上の z (ある周波数 $e^{j\Omega}=e^{j2\pi f/f_s}$) までの周波数特性 (図 6.13) が得られる。これは図 6.11 で表した計算結果と一致する。$H(\Omega)=|(z-z_1)/(z-z_2)|e^{j\phi}$ と式 (6.21) が対応している。

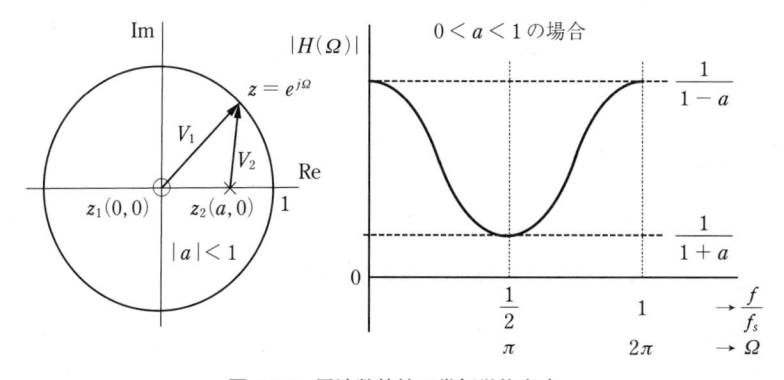

図 6.13　周波数特性の幾何学的意味

106   6. z 変換

6.4 z 変換の諸性質

1) 線形性　$ax_1(n)+bx_2(n) \Leftrightarrow aX_1(z)+bX_2(z)$
2) 時間シフト　$x(n-n_0) \Leftrightarrow z^{-n_0}X(z)$
3) 周波数シフト　$e^{j\Omega_0 n}x(n) \Leftrightarrow X(e^{-j\Omega_0}z)$
4) 時間の逆転　$x(-n) \Leftrightarrow X\left(\dfrac{1}{z}\right)$
5) 畳込み　$x_1(n)*x_2(n) \Leftrightarrow X_1(z)X_2(z)$
6) z 領域における微分　$nx(n) \Leftrightarrow -z\dfrac{dX(z)}{dz}$

各自，上式の証明を行いさい。

上記の z 変換の性質を利用して，$X(z)=\log(1+az^{-1})$，$|z|>|a|$ のときの逆 z 変換を求める。

$X(z)$ の両辺を z で微分すると

$$\frac{dX(z)}{dz}=\frac{-az^{-2}}{1+az^{-1}}$$

が得られる。したがって

$$-z\frac{dX(z)}{dz}=\frac{-az^{-1}}{1+az^{-1}}$$

一方，$a/(1+az^{-1})$ の逆変換は $a(-a)^n u(n)$ であり，$-az^{-1}/(1+az^{-1})$ は z^{-1} をかけたものだから，z 変換の性質を二つ用いて

$$a(-a)^{n-1}u(n-1)=-(-a)^n u(n-1)=nx(n)$$

したがって

$$x(n)=-\frac{1}{n}(-a)^n u(n-1)$$

となり，式 (6.19) と同じ結果となる。

$|z|>|a|$ のとき，つぎの逆 z 変換を求めてみよう。

$$X(z)=\frac{az^{-1}}{(1+az^{-1})^2}$$

$y(n)=a^n u(n)$ の z 変換は

$$Y(z) = \frac{1}{1-az^{-1}}$$

だから

$$\frac{dY(z)}{dz} = \frac{-az^{-2}}{(1-az^{-1})^2}$$

$$X(z) = -z\frac{dY(z)}{dz} = \frac{az^{-1}}{(1-az^{-1})^2}$$

は，次式となる．

$$x(n) = na^n u(n)$$

6.5 簡単な z 変換対

表 6.1 に簡単な z 変換対を示す．

表 6.1 簡単な z 変換対

信号：$x(n)$	z 変換：$X(z)$	収束領域：ROC
$\delta(n)$	1	すべての z
$\delta(n-m)$	z^{-m}	すべての z，ただし $0\ (m>0)$，$\infty\ (m<0)$ を除く
$u(n)$	$\dfrac{1}{1-z^{-1}}$	$|z|>1$
$u(-n-1)$	$\dfrac{1}{1-z^{-1}}$	$|z|<1$
$a^n u(n)$	$\dfrac{1}{1-az^{-1}}$	$|z|>a$
$-a^n u(-n-1)$	$\dfrac{1}{1-az^{-1}}$	$|z|<a$
$na^n u(n)$	$\dfrac{az^{-1}}{(1-az^{-1})^2}$	$|z|>a$
$-na^n u(-n-1)$	$\dfrac{az^{-1}}{(1-az^{-1})^2}$	$|z|<a$
$a^n \cos(bn) u(n)$	$\dfrac{1-(a\cos b)z^{-1}}{1-(2a\cos b)z^{-1}+a^2 z^{-2}}$	$|z|>a$
$a^n \sin(bn) u(n)$	$\dfrac{1-(a\sin b)z^{-1}}{1-(2a\sin b)z^{-1}+a^2 z^{-2}}$	$|z|>a$

6.6 LTIシステム

インパルス応答 $h(n)$ を持つ離散時間の線形時不変システムの入力 $x(n)$ が z^n の形の複素指数関数で,その出力 $y(n)$ はどのようになるだろうか。
入力 $x(n)=z^n$ のときの出力 $y(n)$ は

$$y(n)=h(n)*x(n)=\sum_{p=-\infty}^{\infty}h(p)x(n-p)=\sum_{p=-\infty}^{\infty}h(p)z^{n-p}$$
$$=z^n\sum_{p=-\infty}^{\infty}h(p)z^{-p}=z^nH(z)$$

ここで,$H(z)=\sum_{p=-\infty}^{\infty}h(p)z^{-p}$ となる。

入力信号 $x(n)$ の一般的な記述は $x(n)=\sum_{k=0}^{\infty}a_kz_k^n$ で,線形性より,その出力は

$$y(n)=\sum_{k=0}^{\infty}a_kH(z_k)z_k^n \tag{6.25}$$

となるので,z_k はそのシステムの固有関数,$H(z_k)$ は固有値であるので,図 3.1 と酷似している。この考え方は,入力にある k 番目の正弦波周波数が入力されたときに,その出力応答は伝達関数 $H(z_k)$ の中の z_k の成分だけが出力されてくるという意味であり,伝達関数を通過した出力信号の周波数成分の振幅と位相が入力信号と異なることになる。

入力信号が $x(n)=\sum_{k=0}^{\infty}a_kz_k^n$ のとき,複数の周波数成分の和で表されるので,それぞれの周波数成分の出力が総合和となることを示している。この具体的な応用例としては,入力信号が複合の正弦波で表されるような信号ではこのような考え方を導入したほうが,畳込み演算するより計算も速く,かつ理解が容易な場合がある。

つぎの差分方程式で示されるシステム関数を求めてみよう。

$$y(n)-\frac{1}{2}y(n-1)=x(n)+\frac{1}{3}x(n-1)$$

時間領域の信号 $y(n)$,$x(n)$ の z 変換をそれぞれ $Y(z)$,$X(z)$ とすると

$$Y(z)\left(1-\frac{1}{2}z^{-1}\right)=X(z)\left(1+\frac{1}{3}z^{-1}\right)$$

から，システム関数 $H(z)$ は

$$H(z)=\frac{Y(z)}{X(z)}=\frac{1+z^{-1}/3}{1-z^{-1}/2} \tag{6.26}$$

となる。

このことをさらに一般的に表そう。一般の差分方程式は

$$\sum_{q=0}^{Q} a_q y(n-q) = \sum_{p=0}^{P} b_p x(n-p)$$

として，この z 変換は同様に

$$\sum_{q=0}^{Q} a_q z^{-q} Y(z) = \sum_{p=0}^{P} b_p z^{-p} X(z)$$

となり，システム関数 $H(z)$ は

$$H(z)=\frac{Y(z)}{X(z)}=\frac{\sum_{p=0}^{P} b_p z^{-p}}{\sum_{q=0}^{Q} a_q z^{-q}}=\frac{1+b_1 z^{-1}+b_2 z^{-2}+\cdots+b_P z^{-P}}{1+a_1 z^{-1}+a_2 z^{-2}+\cdots+a_Q z^{-Q}}$$

$$=\frac{(z-z_1')(z-z_2')\cdots(z-z_P')}{(z-z_1)(z-z_2)\cdots(z-z_Q)}=\frac{\prod_{p=0}^{P}(z-z_p')}{\prod_{q=0}^{Q}(z-z_q)} \tag{6.27}$$

ここで，$z_1', z_2', \cdots, z_P'$ および $z_1, z_2, \cdots, z_Q$ は多項式 $1+b_1 z^{-1}+b_2 z^{-2}+\cdots+b_P z^{-P}$ の根であり，かつ零点であり，また多項式 $1+a_1 z^{-1}+a_2 z^{-2}+\cdots+a_Q z^{-Q}$ の根であり，かつ極である。

このように伝達関数は近似的にも z の多項式で表される。式 (6.27) で表現されることを前提にフィルタ理論が構成されている。

6.7 片側 z 変換

この変換は線形定数差分方程式と初期条件によって規定される因果システムを解析するのに役立つ。現実問題はこの片側 z 変換であり，この変換をよく用いる。

ラプラス変換と同様に $n=0$ から ∞ までが定義される。

$$X(z)=\sum_{n=0}^{\infty}x(n)z^{-n}$$

右側数列であるから，$X(z)$ の収束領域は，必ず円の外側にある。

$x(n)=a^n u(n)$ の z 変換は $|z|>|a|$ で $X(z)=1/(1-az^{-1})$ であるが，$x(n)=a^{n+1}u(n+1)$ の両側 z 変換は，$|z|>|a|$ で $X(z)=z/(1-az^{-1})$ である。

片側 z 変換は，$|z|>|a|$ で定義から

$$X(z)=\sum_{n=0}^{\infty}x(n)z^{-n}=\sum_{n=0}^{\infty}a^{n+1}z^{-n}u(n+1)=a\sum_{n=0}^{\infty}(az^{-1})^n=\frac{a}{1-az^{-1}}$$

ラプラス変換の場合と比較してみよう。

6.8 各変換のまとめ

表 6.2 に連続系，離散値系に対するフーリエ級数，フーリエ変換，拡張変換の関係を示す。これらの関係を十分に把握することが大切である。

表 6.2 各変換表のまとめ

	連続系	離散値系
フーリエ級数	$x(t)=\sum_{k=-\infty}^{\infty}C_k e^{jk\omega_0 t}$ $C_k=\frac{1}{T}\int_0^T x(t)e^{-jk\omega_0 t}dt$	$x(n)=\sum_{x=<N>}C_k e^{jk(2\pi/N)n}$ $C_k=\frac{1}{N}\sum_{k=<N>}x(n)e^{-jk(2\pi/N)n}$
フーリエ変換	$x(t)=\frac{1}{2\pi}\int_{-\infty}^{\infty}X(\omega)e^{j\omega t}d\omega$ $X(\omega)=\int_{-\infty}^{\infty}x(t)e^{-j\omega t}dt$ $\left[X(\omega)=2\pi\sum_{k=-\infty}^{\infty}C_k\delta(\omega-k\omega_0)\right]$	$x(n)=\frac{1}{2\pi}\int_{2\pi}X(\Omega)e^{j\Omega n}d\Omega$ $X(\Omega)=\sum_{n=-\infty}^{\infty}x(n)e^{-j\Omega n}$ $\left[X(\Omega)=2\pi\sum_{k=-\infty}^{\infty}C_k\delta(\Omega-k\Omega_0)\right]$
拡張変換	ラプラス変換 $x(t)=\frac{1}{2\pi j}\int_{\sigma-j\infty}^{\sigma+j\infty}X(s)e^{st}ds$ $X(s)=\int_{-\infty}^{\infty}x(t)e^{-st}dt$	z 変換 $x(n)=\frac{1}{2\pi j}\oint X(z)z^{n-1}dz$ $X(z)=\sum_{n=-\infty}^{\infty}x(n)z^{-n}$

演習問題

【1】以下の時間領域信号をそれぞれについて z 変換を求めなさい。零点，極の配置をスケッチし，収束領域を図示した後，フーリエ変換が存在するか述べなさい。

(1) $x(n)=\delta(n)$ (2) $x(n)=\delta(n-1)$ (3) $x(n)=u(n)$

(4) $x(n)=\left(\dfrac{1}{2}\right)^n u(n)$ (5) $x(n)=e^{-2n}u(n)$

(6) $x(n)=\left(\dfrac{1}{2}\right)^{n-1} u(n-1)$ (7) $x(n)=\left(\dfrac{1}{3}\right)^{|n|}$

(8) $x(n)=u(n)-u(n-8)$ (9) $x(n)=\left(\dfrac{1}{2}\right)^n \{u(n)-u(n-4)\}$

(10) $x(n)=\left(\dfrac{1}{2}\right)^n \cos\left(n\dfrac{\pi}{3}+\dfrac{\pi}{3}\right)u(n)$

【2】以下の z 関数の逆 z 変換を除算の継続によって求めなさい。

(1) $X(z)=\dfrac{1}{1+z^{-1}/4}\quad \left(|z|>\dfrac{1}{4}\right)$ (2) $X(z)=\dfrac{1}{1+z^{-1}/4}\quad \left(|z|<\dfrac{1}{4}\right)$

(3) $X(z)=\dfrac{1-2z^{-1}}{3/2-5z^{-1}/2-z^{-2}}\quad \left(|z|>\dfrac{1}{3}\right)$

(4) $X(z)=\dfrac{1-z^{-1}/3}{1-z^{-2}/9}\quad \left(|z|>\dfrac{1}{3}\right)$

【3】べき級数展開 $\log(1-z)=-\sum\limits_{n=1}^{\infty}z^n/n$ を用いて，つぎの z 関数の逆変換を求めよ。

(1) $X(z)=\log(1-3z)\quad \left(|z|<\dfrac{1}{3}\right)$

(2) $X(z)=\log(1-z^{-1}/3)\quad \left(|z|>\dfrac{1}{3}\right)$

【4】以下の z 関数を持つ右側数列 $x(n)$ を部分分数展開によって求めよ。

(1) $X(z)=\dfrac{1}{(1-z^{-1}/3)(1-z^{-1}/2)}$

(2) $X(z)=\dfrac{1}{(1-z^{-1}/2)^2(1-z^{-1}/3)}$

【5】差分方程式 $y(n)-(3/4)y(n-1)+(1/8)y(n-2)=x(n)$ を持つ z 関数を求め，システムのインパルス応答を求めなさい。

【6】つぎの二つのシステムが縦続接続しているときに，全体のシステムの伝達関数の z 関数 $H(z)$ を求め，そのインパルス応答を求めなさい。

$$H_1(z) = \frac{2-z^{-1}}{1+z^{-1}/2}, \quad H_2(z) = \frac{1}{1-3z^{-1}/4+z^{-2}/8}$$

【7】 つぎの差分方程式を持つ因果性の LTI システムの z 関数を求めなさい。
$$y(n) - \frac{7}{12}y(n-1) + \frac{1}{12}y(n-2) = x(n)$$
つぎに，$x(n)$ を $x(n) = (1/5)^n u(n)$ として，z 変換を用いて $y(n)$ を求めなさい。

【8】 ある因果性の LTI システムが以下の差分方程式で表されている。
$$y(n) = -\frac{5}{4}y(n-1) - \frac{3}{8}y(n-2) + x(n-1)$$
このシステムの伝達関数 $H(z) = Y(z)/X(z)$ を求めよ。$H(z)$ の極と零点を示せ。つぎに，この周波数振幅特性を求めなさい。さらにこの伝達関数のインパルス応答を求めなさい。

【9】 入力 $x(n)$，出力 $y(n)$ を持つ離散時間の線形シフト不変システム
$$y(n-1) - \frac{5}{2}y(n) + y(n+1) = x(n)$$
を考える。このシステムは安定である。インパルス応答を求めなさい。

【10】 入力 $x(n)$，出力 $y(n)$ を持つ離散時間の 2 次の FIR フィルタが図 **6.14** に示されている。このフィルタの伝達関数を導き，さらに周波数振幅特性を求めて，a の値によって異なるフィルタの種類について考察しなさい。

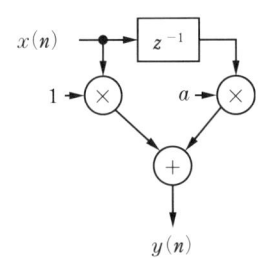

図 **6.14**

7 応用

本章では，ディジタル信号処理を実際に使うとき，注意しなければならないA-D・D-A変換法，最小位相，ディジタルフィルタ設計の基礎知識について述べ，特に最大誤差を最小化する等リプル近似法を紹介する。

7.1　A-D・D-A変換

ディジタル信号処理を最初に扱うときに生じる問題が変換である。1章で述べたようにわれわれが取り扱う信号は連続系信号（アナログ信号）である。計算機で処理しやすい2進符号（ディジタル信号）に変換する。これを**A-D変換**という。また，連続系信号に戻すときはその逆の操作を行わなければならない。これを**D-A変換**という。

ディジタル信号を取り扱う理由として，①アナログ演算回路（加算，減算，乗算等）では，その誤差が大きく，精度が得られないこと，②アナログ信号は一般に時間波形であるが，周波数領域への変換が容易でないこと，③複雑な演算ができないことによる。これを計算機による演算処理で高精度，高安定，高機能な値を得ることができ，さらに演算処理の時間が短くなれば，実時間での動作が可能となる。

A-D・D-A変換器の原理について，ここで復習してみよう。詳細は電子回路に関する著書を参考にすること。図7.1にA-D変換器の原理を，図7.2にD-A変換器の原理を示す。

図7.1に示すように，A-D変換器では，連続系信号の振幅値が一定時間間

114　7. 応用

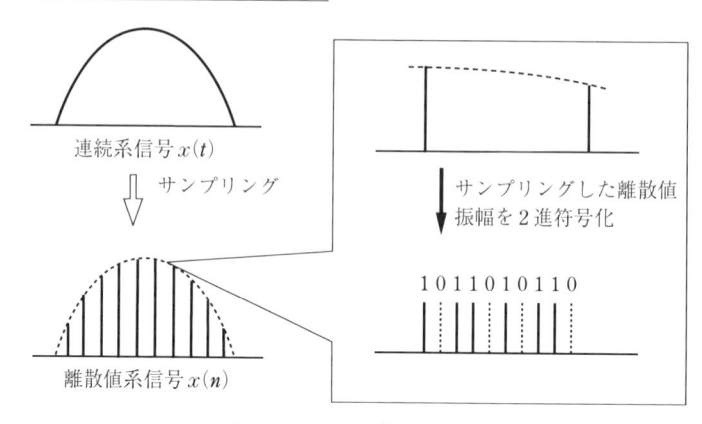

図7.1 A-D変換器の原理

（連続系信号 $x(t)$ → サンプリング → 離散値系信号 $x(n)$ → サンプリングした離散値振幅を2進符号化 → 1 0 1 1 0 1 0 1 1 0）

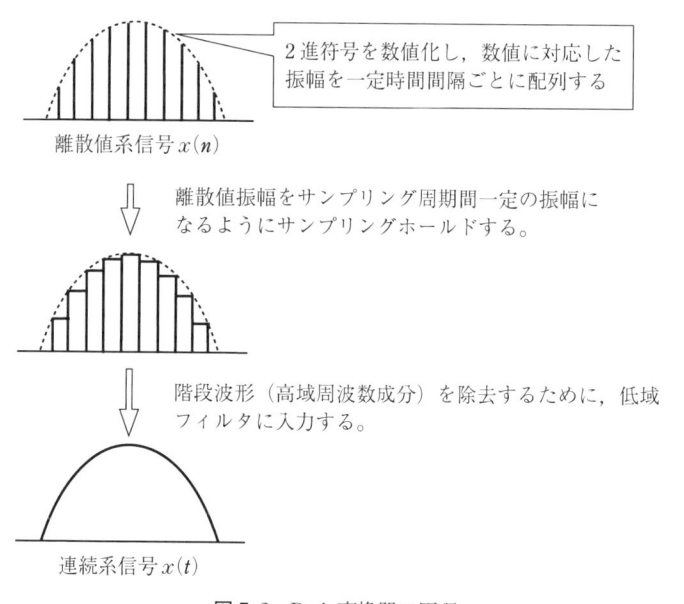

図7.2 D-A変換器の原理

離散値系信号 $x(n)$ ：2進符号を数値化し，数値に対応した振幅を一定時間間隔ごとに配列する

↓ 離散値振幅をサンプリング周期間一定の振幅になるようにサンプリングホールドする。

↓ 階段波形（高域周波数成分）を除去するために，低域フィルタに入力する。

連続系信号 $x(t)$

隔ごとに取り出される。この操作を**サンプリング**といい，一定時間間隔を**サンプリング周期**という。このような信号を離散値系と表し，変復調では **PAM**（**パルス振幅変調**）という。

つぎに入力連続系信号の最大許容振幅値を2進符号の最大整数値に対応させ

7.1 A-D・D-A 変換

て，入力信号の振幅値を最大許容振幅値で規格化し，整数の2進符号を得る。この際に注意しなければならないのは2進符号を何桁で符号化しなければならないのか，つまり何ビットで表せばよいのかである。すなわち，2のべき乗(2^n)の n の範囲である。この値は連続信号の性質（ダイナミックレンジや信号/雑音（SN比））に起因する。音声のダイナミックレンジから $n=12$（約72dB）ならば十分であろうし，音楽であるなら人間の可聴範囲から $n=16$（約96dB）で十分であろう。このビット数は使用目的信号によって使い分ける必要がある。

図7.2に示すように，D-A変換器では2進符号を整数の振幅値に変換して，一定時間間隔ごとに現れるその振幅値を保持する。これを**サンプリングホールド**あるいは**0次ホールド**という。一定時間間隔ごとに現れる振幅値の異なるインパルス列を直接，低域通過フィルタに入力してもアナログ信号を得られるが（3章参照），その波形のSN比は極端に悪い。そこで，インパルス信号の振幅値をサンプリング周期だけ保持する。このような動作後，高域成分を除去するために低域通過フィルタを挿入することになる。

図**7.3**は，以上の動作を機能ブロックで示したものである。連続系入力信号 $x(t)$ はサンプリング後，離散値系信号 $x_p(t)=x(n)$ になる（図4.1参照）。離散値系信号は，そのまま2進符号化される。計算機で演算処理された2進符号は再び離散値系信号に変換され，その振幅がホールドされる。つまり，インパルス信号 $\delta(t)$ が方形波に変換されたと考えることができる。このために連

$$p(t)=\sum_{n=-\infty}^{\infty}\delta(t-nT) \qquad x_p(t)=x(t)p(t)=\sum_{n=-\infty}^{\infty}x(t)\delta(t-nT)$$

サンプリングホールドを行うことは，方形波のインパルス応答を持つシステムを通過したと同じと考える。

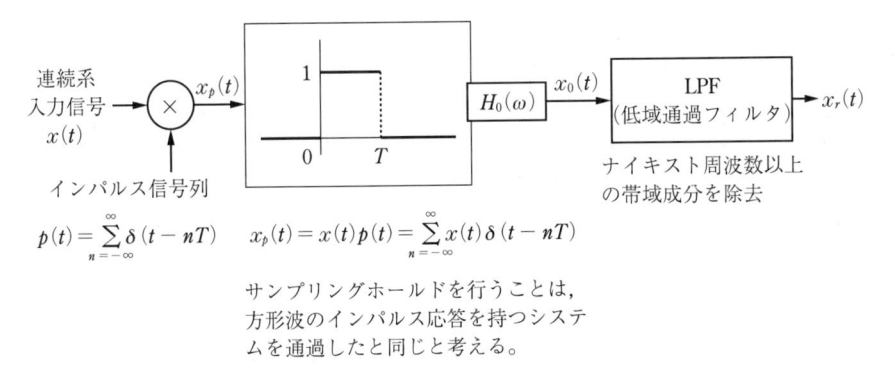

図7.3 D-A変換機能ブロック図

続系信号に変換するときに周波数特性にひずみを生じ，正しい連続系出力波形を復元することができなくなる。

そこで，ひずみを補正するために，この動作をいままで習得してきた知識で数式化する。いま，インパルス信号 $\delta(t)$ を入力したとき，時間幅 T のパルスが出力する伝達関数 $H_0(\omega)$ を考える。すなわち

$$H_0(\omega) = \int_{-\infty}^{\infty} \{u(t) - u(t-T)\} e^{-j\omega t} dt = \int_0^T e^{-j\omega t} dt$$
$$= \frac{1 - e^{-j\omega T}}{j\omega} = \frac{2\sin(\omega T/2)}{\omega} e^{-j\omega T/2} \tag{7.1}$$

したがって，インパルス信号 $\delta(t)$ の周波数特性は大きさ1の平坦特性であるから，もとの周波数特性に戻すためには補正伝達関数 $H_r(\omega) = 1/H_0(\omega)$ を求めればよい。

$$H_r(\omega) = \frac{\omega}{2\sin(\omega T/2)} e^{j\omega T/2} \tag{7.2}$$

振幅特性の補正を図 7.4 に，位相特性の補正を図 7.5 に示す。式 (7.1) を

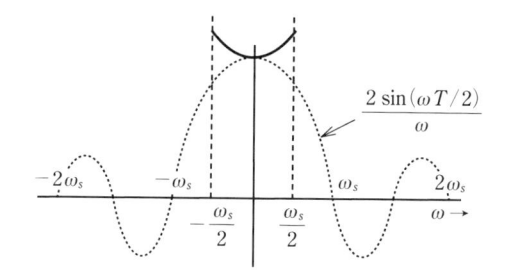

図 7.4　振幅特性の補正

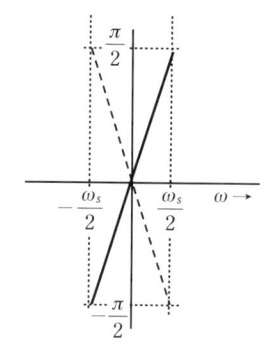

図 7.5　位相特性の補正

考えると，いままで学んできた方形波パルスの周波数特性であることがわかるであろう。すなわち，サンプリング周波数で振幅成分が0となる$(\sin x)/x$の関数である。

このことから，考慮している連続系信号のスペクトル有効帯域の2倍のサンプリング周波数（サンプリング定理による周波数）よりも，高い周波数に設定すると，有効帯域のカットオフ（遮断）周波数での誤差が小さくなる。この操作は**オーバーサンプリング手法**と呼ばれている。この利点は低域通過フィルタの次数が低くなり設計が楽になる点であるが，精度の面から考えればやはり上記の補正は必要となる。

7.2 最小位相関数を持つインパルス応答算出法

7.2.1 インパルス応答と逆インパルス応答

われわれは逆インパルス応答を求めたときに，パルスのピーク振幅時刻の前縁ですでに時間応答があることを発見する。また，フィルタ特性のインパルス応答を観察するときも，最初のパルスのピークの前縁で小さな左側数列を持った波形を見つけることもある。これは単位円の外側に零点がある理由である。

インパルス応答の包絡線は指数関数（単調減少関数）で表される。すなわち，その時間積分値が有界値をとる。これを一般に収束する，もしくは安定な解ともいう。

ここでは，逆インパルス応答の振幅特性が同じ特性を持つ単調減少関数を有するインパルス応答を求める算出法を理論的に説明しながら求めていく。

まず，具体的な例から説明して，その物理的な意味を解釈しよう。インパルス応答$h(n)$の安定な逆インパルス応答$g(n)$を求めよう。いま，インパルス応答$h(n)$が以下のようであったとする。

$$h(n) = \frac{1}{5}\delta(n) + \frac{3}{10}\delta(n-1) - \frac{1}{5}\delta(n-2) \tag{7.3}$$

このインパルス応答波形は図 **7.6** のように表され，この z 変換 $H(z)$ は

$$H(z)=\frac{1}{5}+\frac{3}{10}z^{-1}-\frac{1}{5}z^{-2}=\frac{z^2+3z/2-1}{5z^2}=\frac{(z+2)(z-1/2)}{5z^2} \tag{7.4}$$

となる。

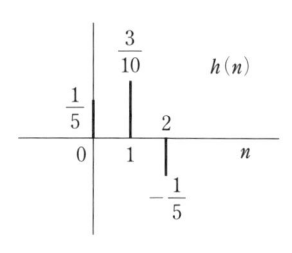

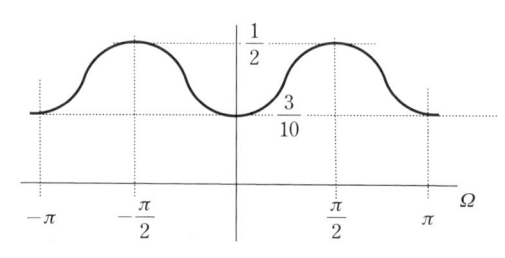

図 7.6 インパルス応答波形　　　　図 7.7 $H(\Omega)$ の振幅特性

したがって，式 (7.4) は零点 -2，$1/2$ と極 0 を持つ。明らかに単位円の内側と外側に零点が含まれるから，この伝達関数 $H(z)$ は最小位相関数ではない。このときの周波数振幅特性 $|H(\Omega)|$ は

$$|H(\Omega)|=\left|\frac{e^{j2\Omega}+3e^{j\Omega}/2-1}{5e^{j2\Omega}}\right|$$

$$=\frac{1}{5}\left|\cos 2\Omega+j\sin 2\Omega+\frac{3}{2}\cos\Omega+j\frac{3}{2}\sin\Omega-1\right|$$

$$=\frac{1}{5}\sqrt{\left(\cos 2\Omega+\frac{3}{2}\cos\Omega-1\right)^2+\left(\sin 2\Omega+\frac{3}{2}\sin\Omega\right)^2}$$

$$=\frac{1}{5}\sqrt{\frac{17}{4}-2\cos 2\Omega} \tag{7.5}$$

となり，図 **7.7** に示す。明らかに帯域通過フィルタ特性である。

この逆伝達関数 $G(z)$ は，式 (7.4) と $G(z)=1/H(z)$ から

$$G(z)=\frac{5z^2}{z^2+3z/2-1}=\frac{5z^2}{(z-1/2)(z+2)}=\frac{5}{(1-z^{-1}/2)(1+2z^{-1})}$$

$$=\frac{1}{1-z^{-1}/2}+\frac{4}{1+2z^{-1}} \tag{7.6}$$

この逆インパルス応答 $g(n)$ は

$$g(n)=\left(\frac{1}{2}\right)^n u(n)-4(-2)^n u(-n-1) \tag{7.7}$$

7.2 最小位相関数を持つインパルス応答算出法

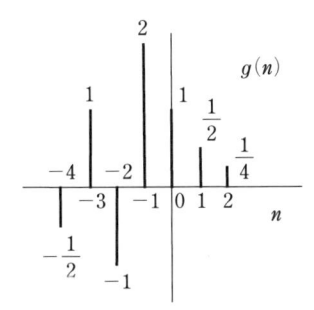

図7.8 逆インパルス応答 $g(n)$

となり，図7.8に示す。

すなわち，因果律を満たさないが安定な逆インパルス応答が得られるためには，極 -2 と $1/2$ との間に収束領域を持たなければならない。すなわち，左側数列と右側数列の混合で表現できる。あとは絶対遅延時間を加えれば因果律を満たす。

つぎに $h(n)*g(n)$ が $\delta(n)$ になることを確認する。

$$\begin{aligned}
h(n)*g(n) &= \sum_{p=-\infty}^{\infty} \Biggl\{ \left(\frac{1}{5}\delta(p) + \frac{3}{10}\delta(p-1) - \frac{1}{5}\delta(p-2)\right) \\
&\quad \times \left(\left(\frac{1}{2}\right)^{n-p} u(n-p) - 4(-2)^{n-p} u(-n+p-1)\right) \Biggr\} \\
&= \cdots -\frac{1}{5}\delta(n+2) + \frac{2}{5}\delta(n+1) + \frac{1}{5}\delta(n) - \frac{1}{10}\delta(n-1) \\
&\quad + \frac{1}{20}\delta(n-2) + \cdots \\
&\quad \cdots + \frac{3}{20}\delta(n+2) - \frac{3}{10}\delta(n+1) + \frac{6}{10}\delta(n) + \frac{3}{10}\delta(n-1) \\
&\quad + \frac{3}{20}\delta(n-2) + \cdots \\
&\quad \cdots + \frac{1}{20}\delta(n+2) - \frac{1}{10}\delta(n+1) + \frac{1}{5}\delta(n) - \frac{1}{5}\delta(n-1) \\
&\quad - \frac{1}{5}\delta(n-2) - \cdots \\
&= \delta(n) \quad\quad\quad\quad\quad\quad\quad\quad\quad\quad\quad\quad\quad (7.8)
\end{aligned}$$

式 (7.3) と式 (7.7) はたがいにインパルス応答と逆インパルス応答の関係で

あることがわかる。

つぎに逆伝達関数 $G(\Omega)$ の振幅特性 $|G(\Omega)|$ を求める。

$$|G(\Omega)| = \left| \frac{5e^{j\Omega}}{e^{j2\Omega} + 3e^{j\Omega}/2 - 1} \right|$$

$$= \frac{5}{\left| \cos 2\Omega + j \sin 2\Omega + \frac{3}{2}\cos\Omega + j\frac{3}{2}\sin\Omega - 1 \right|}$$

$$= \frac{5}{\sqrt{\left(\cos 2\Omega + \frac{3}{2}\cos\Omega - 1\right)^2 + \left(\sin 2\Omega + \frac{3}{2}\sin\Omega\right)^2}}$$

$$= \frac{5}{\sqrt{\frac{17}{4} - 2\cos 2\Omega}} \tag{7.9}$$

振幅特性を図 7.9 に示す。これより，帯域阻止フィルタ特性を得る。

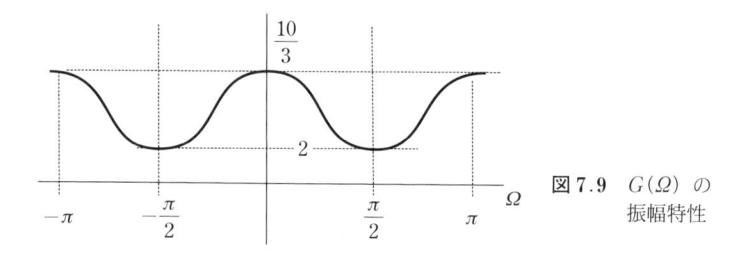

図 7.9 $G(\Omega)$ の振幅特性

7.2.2 最小位相特性を持ったインパルス応答

つぎに最小位相を持ったインパルス応答の z 変換を求めてみよう。式 (7.4) の逆フィルタを考えた場合，$H(z)$ の零点，極はそれぞれ，$G(z)$ の極，零点に変換されるから，単位円外にある $H(z)$ の零点 -2 は $G(z)$ の極になり，当然，不安定な解となる。そこで，最初から逆伝達関数を求めるのではなく，最初に伝達関数 $H(z)$ の最小位相伝達関数 $H_{\min}(z)$ を求める。

その方法は，単位円外にある零点 -2 だけを $-1/2$ に変換する。この詳細理由は 7.2.3 項を参照のこと。式 (7.4) は

$$H_{\min}(z) = \frac{(z+1/2)(z-1/2)}{5z^2} = \frac{1}{5} - \frac{1}{20}z^{-2} \tag{7.10}$$

7.2 最小位相関数を持つインパルス応答算出法

となるが，$z=1$ のとき，すなわち直流成分では $|H_{\min}(z)|_{z=1}=3/20$ となり，式 (7.4) では $|H(z)|_{z=1}=3/10$ となるので，式 (7.10) を

$$H_{\min}(z)=2\frac{(z+1/2)(z-1/2)}{5z^2}=\frac{2}{5}-\frac{1}{10}z^{-2} \tag{7.11}$$

に振幅値を校正し，このインパルス応答 $h_{\min}(n)$ は

$$h_{\min}(n)=\frac{2}{5}\delta(n)-\frac{1}{10}\delta(n-2) \tag{7.12}$$

となり，その振幅特性 $|H_{\min}(\Omega)|$ は

$$|H_{\min}(\Omega)|=\frac{2}{5}\sqrt{\frac{17}{16}-\frac{1}{2}\cos 2\Omega} \tag{7.13}$$

となる。式 (7.13) の振幅特性を**図 7.10** に示す。

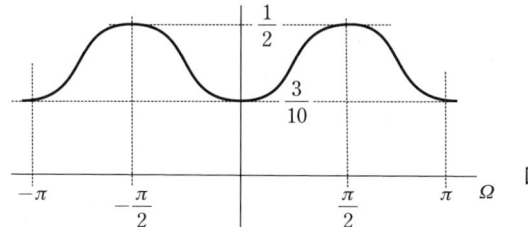

図 7.10 $H_{\min}(\Omega)$ の振幅特性

式 (7.10) の逆特性 $G_{\min}(z)$ は

$$G_{\min}(z)\frac{5z^2}{2(z+1/2)(z-1/2)}=\frac{5/2}{(1+z^{-1}/2)(1-z^{-1}/2)} \tag{7.14}$$

となる。

また，この逆インパルス応答 $g_{\min}(n)$ は

$$g_{\min}(n)=\frac{5}{4}\left\{\left(\frac{1}{2}\right)^n+\left(-\frac{1}{2}\right)^n\right\}u(n) \tag{7.15}$$

となる。

一般に振幅特性から最小位相を有した安定なインパルス応答を得るには，ヒルベルト変換を用いて位相を求める方法がある。ヒルベルト変換は位相と振幅との変換に用いられる。しかしながら，解析的にその伝達関数を求めるには相当の努力が必要である。

インパルス応答 $h(n)$ は安定な因果律を満足する関数である。したがって，$n<0$ では存在しないはずである。安定で因果的であるなら，図 7.11 より，$h_e(n)=h_e(-n)$，$h_o(n)=-h_o(-n)$，しかも $h_o(0)=0$ である。

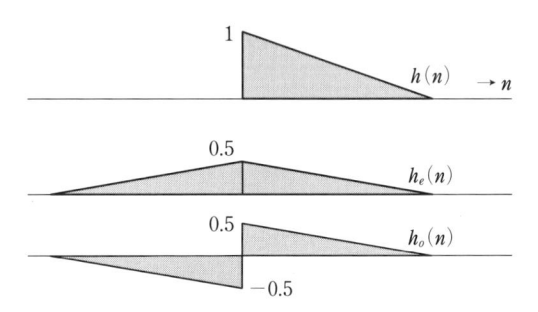

図 7.11 因果的な信号を偶関数と奇関数に分解

いま，インパルス応答 $h(n)$ の周波数領域の関数（フーリエ変換）を $H(\Omega)$ とすると

$$H_e(\Omega) = \sum_{n=-\infty}^{-1} h_e(n) e^{j\Omega n} + \sum_{n=0}^{\infty} h_e(n) e^{j\Omega n}$$

$$= \sum_{n=\infty}^{1} h_e(-n) e^{-j\Omega n} + \sum_{n=1}^{\infty} h_e(n) e^{j\Omega n} + h_e(0)$$

$$= \sum_{n=1}^{\infty} h_e(n) (e^{j\Omega n} + e^{-j\Omega n}) + h_e(0)$$

$$= 2\sum_{n=1}^{\infty} h_e(n) \cos \Omega n + h_e(0) \tag{7.16}$$

同様に

$$H_o(\Omega) = \sum_{n=-\infty}^{-1} h_o(n) e^{j\Omega n} + \sum_{n=0}^{\infty} h_o(n) e^{j\Omega n}$$

$$= \sum_{n=\infty}^{1} h_o(-n) e^{-j\Omega n} + \sum_{n=1}^{\infty} h_o(n) e^{j\Omega n} + h_o(0)$$

$$= \sum_{n=1}^{\infty} h_o(n) (e^{j\Omega n} - e^{-j\Omega n}) = 2j \sum_{n=1}^{\infty} h_o(n) \sin \Omega n \tag{7.17}$$

$n>0$ で，$h_o(n)=h_e(n)=h(n)/2$ でなければならないから

7.2 最小位相関数を持つインパルス応答算出法

$$H(\Omega) = H_e(\Omega) + H_o(\Omega) = 2\sum_{n=1}^{\infty} \frac{h(n)}{2}(\cos \Omega n + j\sin \Omega n) + h_e(0)$$

$$= \sum_{n=1}^{\infty} h(n)e^{j\Omega n} + h_e(0) = \sum_{n=0}^{\infty} h(n)e^{j\Omega n} \tag{7.18}$$

ゆえに,$h_e(n)$ は $H(\Omega)$ の実部,$h_o(n)$ は $H(\Omega)$ の虚部でなければならない.

ここで,最小位相成分を有した振幅特性 $|H_{\min}(\Omega)|$ も,$|H(\Omega)|$ の振幅成分は一致しなければならない.一般に伝達関数 $H(\Omega) = |H(\Omega)|e^{j\theta}$,$\theta = \arg H(\Omega)$ で与えられる.

伝達関数 $H(\Omega) = |H(\Omega)|e^{j\Omega}$ は最小位相関数 $H_{\min}(\Omega) = |H_{\min}(\Omega)|e^{j\theta_{\min}}$ と通過域伝達関数 $H_{pass}(\Omega) = |H_{pass}(\Omega)|e^{j\theta_{pass}}$ の積で表され,さらに通過域伝達関数の振幅特性は $|H_{pass}(\Omega)| = 1$ であり

$$\theta = \theta_{\min} + \theta_{ap} = \arg H_{\min}(\Omega) + \arg H_{ap}(\Omega) \tag{7.19}$$

と表される.したがって,伝達関数 $H(\Omega)$ の対数をとれば

$$\log H(\Omega) = \log |H(\Omega)| + j\theta = \log(|H_{\min}(\Omega)| \cdot |H_{pass}(\Omega)|) + j\theta_{\min} + j\theta_{pass}$$

$$= \log |H_{\min}(\Omega)| + j\theta_{\min} + j\theta_{pass} \tag{7.20}$$

となり,振幅の項と位相の項が分解できる.

ここで,最小位相関数について説明する.最小位相伝達関数 $H_{\min}(\Omega) = |H_{\min}(\Omega)|e^{j\theta_{\min}}$ の振幅 $|H_{\min}(\Omega)|$ と位相 $\theta_{\min}$ はヒルベルト変換で表され,次式のようになる.

$$\theta_{\min}(\Omega) = -\frac{j}{\pi}\int_{2\pi}\frac{|H_{\min}(p)|}{1-e^{j(\Omega-p)}}dp = -\frac{j}{\pi}\int_{2\pi}|H_{\min}(p)|\frac{1}{1-e^{j(\Omega-p)}}dp$$

$$= -\frac{j}{\pi}\left[|H_{\min}(\Omega)| * \frac{1}{1-e^{j\Omega}}\right] \tag{7.21}$$

ここで,符号関数

$$\mathrm{sgn}(n) = \begin{cases} +1 & (n \geq 0) \\ -1 & (n < 0) \end{cases}$$

を定義すると,そのフーリエ変換 $SGN(\Omega)$ は

$$SGN(\Omega) = \sum_{n=-\infty}^{\infty} \text{sgn}(n) e^{-j\Omega n} = -\sum_{n=-\infty}^{-1} e^{-j\Omega n} + \sum_{n=0}^{\infty} e^{-j\Omega n}$$

$$= -\sum_{n=\infty}^{1} e^{j\Omega n} + \sum_{n=0}^{\infty} e^{-j\Omega n}$$

$$= -e^{j\Omega} - e^{j2\Omega} - e^{j3\Omega} - \cdots + 1 + e^{-j\Omega} + e^{-j2\Omega} + \cdots$$

$$= -e^{j\Omega}(1 + e^{j\Omega} + e^{j2\Omega} + \cdots) + \frac{1}{1-e^{-j\Omega}}$$

$$= -\frac{e^{j\Omega}}{1-e^{j\Omega}} + \frac{1}{1-e^{-j\Omega}} = \frac{2}{1-e^{-j\Omega}} \tag{7.22}$$

$$\theta_{\min}(\Omega) = -\frac{j}{2\pi}[|H_{\min}(\Omega)| * SGN(\Omega)] \tag{7.23}$$

これより，$\theta_{\min}(\Omega)$ が求まる．

具体的な最小位相関数を求め，さらに現実的なインパルス応答波形（尖頭値の前縁に時間波形が存在しない）を求めるためには，非最小位相でのインパルス応答波形でのピーク値の時刻 n_0 を計数し，その値を記憶し，上記より求める．

$|H(\Omega)|=|H_{\min}(\Omega)|$ と $\theta_{\min}(\Omega)$ とから逆フーリエ変換し時間領域の波形を求めると，$n=0$ で最大ピーク値が与えられるので，絶対遅延時間 n_0 を付加することにより，通常のわれわれが測定する因果律を満たすインパルス応答波形が求まる．

しかしながら，この手法は正当法ではあるが，解析的な解法をえることは前述したように難しい．そこで，数値演算的に振幅から最小位相を求め，インパルス応答を求める手法を以下に述べる．

① インパルス応答 $h(n)$ の DFT 計算から式（7.20）に示すように伝達関数の振幅成分 $|H(\Omega)|$ と位相成分に分解しその実数部分である振幅成分を計算し，その自然対数（log）を計算する．

② この対数 $\log|H(\Omega)|$ の逆 DFT（IDFT）計算を行う．この領域をケフレンシー（quefrency）といい，時間領域に対応するものである．これを図7.11で述べたように，時間領域で正の部分だけを取り出すために以下の窓掛け処理（図 **7.12**）を行う．

$$\tilde{u}(n) = 1 \quad \left(n=0, \frac{N}{2}\right)$$

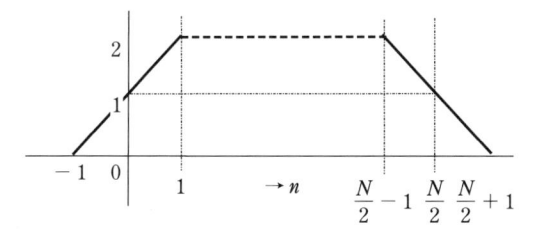

7.2 最小位相関数を持つインパルス応答算出法

図 7.12 ケフレンシー窓掛け処理 $\tilde{u}(n)$

$$\tilde{u}(n) = 2 \quad \left(n = 1, 2, \cdots, \left(\frac{N}{2}\right) - 1\right)$$

$$\tilde{u}(n) = 0 \quad \left(n = \left(\frac{N}{2}\right) + 1, \cdots, N-1\right)$$

すなわち

$$\mathrm{DFT}[(\log|H(\Omega)|) \times \tilde{u}(n)] \tag{7.24}$$

の演算を行い，この結果の DFT をとると，実数部に $\log|H(\Omega)|$ が，虚数部に $\theta_{\min} = \arg H_{\min}(\Omega)$ が出力される。

③ $e^{\log|H(\Omega)|} \times e^{j\theta_{\min}(\Omega)}$ として乗算し，改めて実数部と虚数部を求める。

④ 実数部を偶関数に，虚数部を奇関数にしてから IDFT をとれば，ピークの前縁に左側の数列を持たないインパルス応答が得られる。

7.2.3 同振幅特性を有する零点移動

零点が単位円の外側にある根（$z_i = \alpha + j\beta$, $|z_i| > 1$）を $1/z_i^*$ に移動することにより最小位相関数を求める（図 7.13）。

振幅特性が変化しない条件を以下に示す。z_i を零点とする振幅特性は $|z - z_i|$

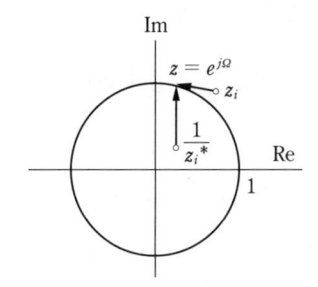

図 7.13 零点移動

126   7. 応　　　　用

として表される。また，$1/z_i^*$ を零点とする振幅特性は $|z-1/z_i^*|$ として表される。$z_i=\alpha+j\beta$ とすれば

$$\frac{1}{z_i^*}=\left(\frac{1}{\alpha+j\beta}\right)^*=\frac{\alpha+j\beta}{\alpha^2+\beta^2}$$

したがって

$$|z-z_i|=|e^{j\Omega}-\alpha-j\beta|=|\cos\Omega+j\sin\Omega-\alpha-j\beta|$$
$$=\sqrt{(\cos\Omega-\alpha)^2+(\sin\Omega-\beta)^2}$$
$$=\sqrt{\alpha^2+\beta^2+1-2\alpha\cos\Omega-2\beta\sin\Omega}$$

一方

$$\left|z-\frac{1}{z_i^*}\right|=\left|e^{j\Omega}-\frac{\alpha+j\beta}{\alpha^2+\beta^2}\right|=\left|\cos\Omega+j\sin\Omega-\frac{\alpha}{\alpha^2+\beta^2}-\frac{j\beta}{\alpha^2+\beta^2}\right|$$
$$=\left|\left(\cos\Omega-\frac{\alpha}{\alpha^2+\beta^2}\right)+j\left(\sin\Omega-\frac{\beta}{\alpha^2+\beta^2}\right)\right|$$
$$=\sqrt{1+\frac{\alpha^2+\beta^2}{(\alpha^2+\beta^2)^2}-\frac{2\alpha}{\alpha^2+\beta^2}\cos\Omega-\frac{2\beta}{\alpha^2+\beta^2}\sin\Omega}$$
$$=\frac{1}{\sqrt{\alpha^2+\beta^2}}\sqrt{\alpha^2+\beta^2+1-2\alpha\cos\Omega-2\beta\sin\Omega} \quad (7.25)$$

すなわち，振幅特性を同じにするには，単位円外の零点から単位円内の零点に移動する場合は，一定の $|z_i|$ を乗算すればよいことになる。

7.3　ディジタルフィルタ

ディジタルフィルタは，信号の帯域制限や雑音の除去などの多くの応用に使われている。ディジタルフィルタには種々の分類法がある。

7.3.1　インパルス応答による分類

ディジタルフィルタはそのインパルス応答の長さにより分類できる。インパルス応答の長さが有限であるフィルタは **FIR**（finite impulse response）**フィルタ**で，無限であるフィルタは **IIR**（infinite impulse response）**フィルタ**で

ある。FIRフィルタの利点はつねに安定で直線位相特性が容易に実現できる点であるが，欠点はIIRフィルタに比べて同程度の振幅特性を実現する際，より高次のフィルタが必要であり，実現コストが高くなる点である。これはIIRフィルタの利点である。一方，IIRフィルタを実現する際は安定性に注意必要がある。

7.3.2 振幅特性による分類

周波数選択性のフィルタの場合，信号を通す帯域（通過域：pass band）と信号を遮断する帯域（阻止域：stop band）により，一般に
・低域通過フィルタ（LPF：low pass filter）
・高域通過フィルタ（HPF：high pass filter）
・帯域通過フィルタ（BPF：band pass filter）
・帯域阻止フィルタ（BSF：band stop filter）

に分類できる。それぞれの振幅特性を図7.14に示す。また，以上の四種類よりさらに複雑な**マルチバンドフィルタ**（multi band filter）もある。

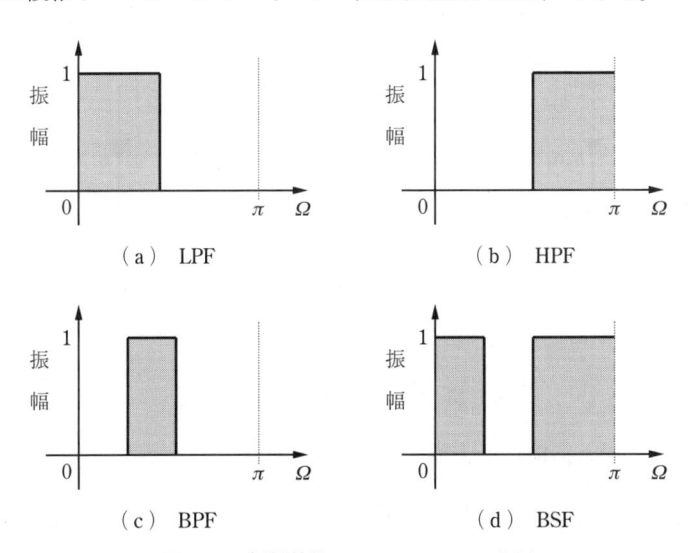

（a）LPF

（b）HPF

（c）BPF

（d）BSF

図7.14 振幅特性によるフィルタの分類

7.3.3 位相特性による分類

波形伝送や画像処理などの応用では，位相特性も重要で直線位相特性を持つ必要がある。直線位相特性は，その傾きが一定で

$$\theta(\Omega) = -\tau\Omega - \theta_0 \tag{7.26}$$

と周波数 Ω に対して直線的な特性である。ここで，τ は定遅延で，θ_0 は位相オフセット，定数である。また，音声処理などの応用で，フィルタの遅延時間を少なくしたい際は最小位相特性が望まれる場合もある。

7.4 FIR フィルタ

FIR フィルタの伝達関数は

$$H(z) = \sum_{n=0}^{N} h(n) z^{-n} \tag{7.27}$$

で表される。ここで，N はフィルタ次数，$h(n)$ は実数のフィルタ係数で，インパルス応答に対応している。FIR フィルタの直接型構成は図 7.15 に示される。

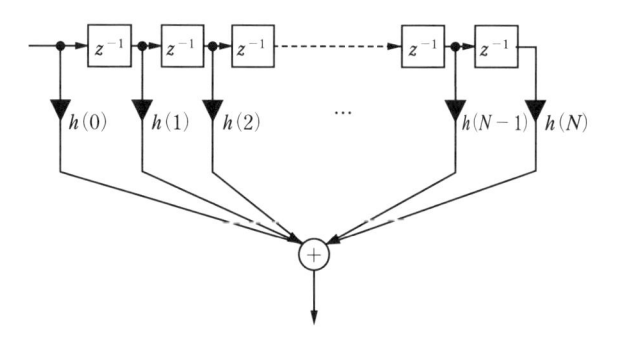

図 7.15 FIR フィルタの直接型構成

式 (7.27) から，FIR フィルタの周波数特性は

$$H(e^{j\Omega}) = \sum_{n=0}^{N} h(n) e^{-jn\Omega} \tag{7.28}$$

で求められ，振幅特性と位相特性はそれぞれ

$$|H(e^{j\Omega})|=\sqrt{\left(\sum_{n=0}^{N}h(n)\cos(n\Omega)\right)^2+\left(\sum_{n=0}^{N}h(n)\sin(n\Omega)\right)^2} \qquad (7.29)$$

$$\theta(\Omega)=-\tan^{-1}\frac{\sum_{n=0}^{N}h(n)\sin(n\Omega)}{\sum_{n=0}^{N}h(n)\cos(n\Omega)} \qquad (7.30)$$

となる。

7.4.1 直線位相フィルタ

ここでは，FIR直線位相フィルタの性質について説明する。フィルタ次数 N が偶数か奇数とインパルス応答 $h(n)$ が偶対称か奇対称により，図 7.16 に示すような4タイプの直線位相フィルタがあり，それぞれ異なる特徴がある。

【1】 タイプ1 (N が偶数，$h(n)$ が偶対称) 次数 N が偶数で，インパルス応答 $h(n)$ が偶対称，すなわち，$h(n)=h(N-n)$ である。インパルス応答の対称条件を用いて，フィルタの周波数特性を導出する。

$$\begin{aligned}
H(e^{j\Omega}) &= \sum_{n=0}^{N}h(n)e^{-jn\Omega} \\
&= \sum_{n=0}^{(N/2)-1}h(n)e^{-jn\Omega}+h\left(\frac{N}{2}\right)e^{-j(N/2)\Omega}+\sum_{n=(N/2)+1}^{N}h(n)e^{-jn\Omega} \\
&= h\left(\frac{N}{2}\right)e^{-j(N/2)\Omega}+\sum_{n=1}^{N/2}h\left(\frac{N}{2}-n\right)e^{j(n-N/2)\Omega} \\
&\quad +\sum_{n=1}^{N/2}h\left(\frac{N}{2}+n\right)e^{-j(N/2+n)\Omega} \\
&= e^{-j(N/2)\Omega}\left\{h\left(\frac{N}{2}\right)+\sum_{n=1}^{N/2}\left(h\left(\frac{N}{2}-n\right)e^{jn\Omega}+h\left(\frac{N}{2}+n\right)e^{-jn\Omega}\right)\right\} \\
&= e^{-j(N/2)\Omega}\left\{h\left(\frac{N}{2}\right)+\sum_{n=1}^{N/2}h\left(\frac{N}{2}-n\right)(e^{jn\Omega}+e^{-jn\Omega})\right\} \\
&= e^{-j(N/2)\Omega}\left\{h\left(\frac{N}{2}\right)+\sum_{n=1}^{N/2}2h\left(\frac{N}{2}-n\right)\cos(n\Omega)\right\} \\
&= e^{-j(N/2)\Omega}\left\{\sum_{n=0}^{N/2}a(n)\cos(n\Omega)\right\} \qquad (7.31)
\end{aligned}$$

ここで

130   7. 応　　　　用

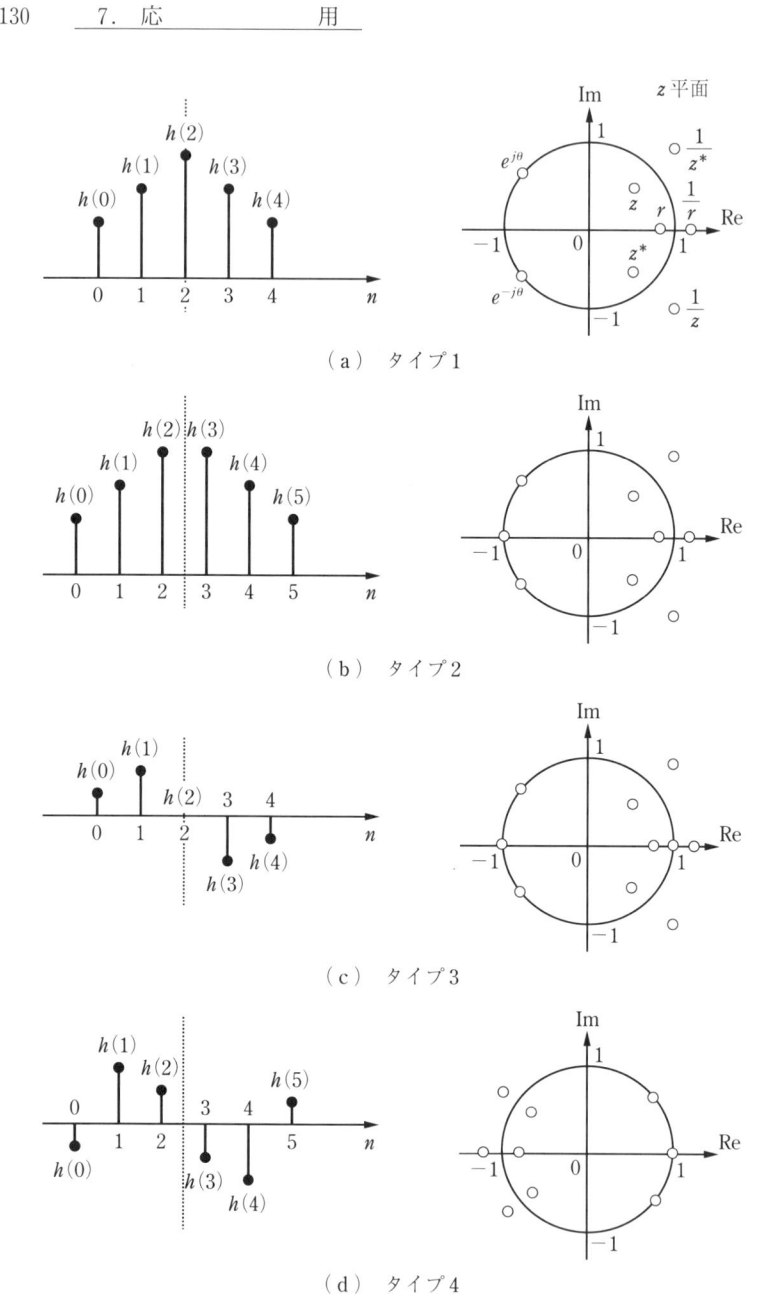

(a) タイプ1

(b) タイプ2

(c) タイプ3

(d) タイプ4

図7.16　4タイプのFIR直線位相フィルタ

$$\begin{cases} a(0) = h\left(\dfrac{N}{2}\right) \\ a(n) = 2h\left(\dfrac{N}{2} - n\right) \quad \left(1 \leq n \leq \dfrac{N}{2}\right) \end{cases}$$

よって,振幅特性と位相特性は

$$|H(e^{j\Omega})| = \sum_{n=0}^{N/2} a(n) \cos(n\Omega) \tag{7.32}$$

$$\theta(\Omega) = -\frac{N}{2}\Omega \tag{7.33}$$

となり,直線位相特性が得られる。対称条件 $h(n) = h(N-n)$ から,次式が得られる。

$$H(z^{-1}) = \sum_{n=0}^{N} h(n) z^n = \sum_{n=0}^{N} h(N-n) z^n = \sum_{n=0}^{N} h(n) z^{N-n} = z^N H(z) \tag{7.34}$$

つまり,z がフィルタの零点であれば,$1/z$ も零点である。よって,直線位相 FIR フィルタの零点は,図 7.16 に示すようにつぎの鏡像零点となる。

- 単位円内外複素共役鏡像零点(z, z^*, $1/z$, $1/z^*$)
- 実軸上鏡像零点(r, $1/r$)
- 単位円上複素共役零点($e^{j\theta}$, $e^{-j\theta}$)

ほかのタイプの直線位相フィルタについても,同様に鏡像零点となる。

【2】 **タイプ2**(N が奇数,$h(n)$ が偶対称)　　次数 N が奇数で,$h(n) = h(N-n)$ である。タイプ1の場合と同様に,振幅特性と位相特性は

$$|H(e^{j\Omega})| = \sum_{n=1}^{(N+1)/2} b(n) \cos\left\{\left(n - \frac{1}{2}\right)\Omega\right\} \tag{7.35}$$

$$\theta(\Omega) = -\frac{N}{2}\Omega \tag{7.36}$$

のように得られ,直線位相特性となる。ここで

$$b(n) = 2h\left(\frac{N+1}{2} - n\right) \quad \left(1 \leq n \leq \frac{N+1}{2}\right)$$

である。式 (7.35) から,$\Omega = \pi$ における振幅がゼロであることがわかる。つまり,このフィルタは $z = -1$ に零点を持つ。よって,タイプ2の直線位相フィルタは,HPF,BSF が設計できない。

【3】 **タイプ3** (N が偶数，$h(n)$ が奇対称)　　次数 N は偶数で，インパルス応答 $h(n)$ は奇対称，$h(n) = -h(N-n)$ である。ただし，$h(N/2) = 0$ である。同様に，振幅特性と位相特性は次式のように得られる。

$$|H(e^{j\Omega})| = \sum_{n=1}^{N/2} c(n) \sin(n\Omega) \tag{7.37}$$

$$\theta(\Omega) = -\frac{N}{2}\Omega + \frac{\pi}{2} \tag{7.38}$$

ここで

$$c(n) = 2h\left(\frac{N}{2} - n\right) \quad \left(1 \leq n \leq \frac{N}{2}\right)$$

このフィルタは，位相特性が直線位相に $\pi/2$ だけ付加されているため，ヒルベルト変換器や微分器等の設計に使われている。また，$\Omega = 0$ と $\Omega = \pi$ において，振幅がゼロとなり，$z = 1$ と $z = -1$ に零点がある。よって，BPF のみが設計できる。

【4】 **タイプ4** (N が奇数，$h(n)$ が奇対称)　　次数 N は奇数で，インパルス応答は奇対称，$h(n) = -h(N-n)$ である。その振幅特性と位相特性は

$$|H(e^{j\Omega})| = \sum_{n=1}^{(N+1)/2} d(n) \sin\left\{\left(n - \frac{1}{2}\right)\Omega\right\} \tag{7.39}$$

$$\theta(\Omega) = -\frac{N}{2}\Omega + \frac{\pi}{2} \tag{7.40}$$

である。ここで

$$d(n) = 2h\left(\frac{N+1}{2} - n\right) \quad \left(1 \leq n \leq \frac{N+1}{2}\right)$$

タイプ3の場合と同様に，$\pi/2$ の位相が付加されているので，ヒルベルト変換器や微分器等の設計に使われる。また，$\Omega = 0$ での振幅がゼロで，$z = 1$ に零点がある。よって，LPF，BSF が設計できない。

7.4.2　等リプル設計法

FIR フィルタの設計法はいろいろあるが，ここでは直線位相 FIR フィルタの等リプル設計法を紹介する。等リプル特性は近似帯域（通過域または阻止

域）において最大誤差が最小になる最適チェビシェフ（Chebyshev）近似解である。この等リプル設計法はつぎの**交番定理**に基づいている。

> **定理 7.1　交番定理**
> 最適チェビシェフ近似解は，近似帯域において少なくとも未知係数の数＋1個の極値点を持ち，隣り合うこれらの極値点の振幅が同じで，符号が交番する。

つぎに，タイプ1の直線位相FIRフィルタを例に用いて，等リプル設計法の設計手順について説明する。所望の振幅特性を$D(\Omega)$とし，誤差関数$E(\Omega)$を次式のように定義する。

$$E(\Omega) = W(\Omega)\{|H(e^{j\Omega})| - D(\Omega)\} \tag{7.41}$$

ここで，重み関数$W(\Omega)$は近似帯域における誤差の大きさの比を調整し，非負の値をとる。交番定理より，極値周波数点Ω_iにおいて，誤差が交番する。すなわち

$$E(\Omega_i) = W(\Omega_i)\{|H(e^{j\Omega_i})| - D(\Omega_i)\} = (-1)^i \delta \tag{7.42}$$

ここで，δは極値の大きさである。よって，式(7.32)から

$$\sum_{n=0}^{N/2} a(n) \cos(n\Omega_i) - \frac{(-1)^i}{W(\Omega_i)}\delta = D(\Omega_i) \tag{7.43}$$

が得られる。極値点の数が$(N/2)+2$個であるので，以上の線形方程式を解いてフィルタ係数が計算できる。しかし，極値周波数点がどこに位置するかは設計前にわからない。

そこで，**Remez交換アルゴリズム**を利用する。まず，極値周波数点を適当に設定する。例えば，近似帯域に等間隔に選ぶ。選んだ周波数点を用いて，式(7.43)の線形方程式を解いてフィルタ係数を求める。得られたフィルタ係数より，振幅特性を計算する。**図7.17**に示すように，そのとき，選んだ周波数点と実際の極値点が必ず一致するとは限らない。つまり，等リプル特性にまだならない。

そこで，実際に得られた極値点を用いて，再び式(7.43)の線形方程式を解き，新しいフィルタ係数を得る。得られた振幅特性を調べ，等リプル特性かど

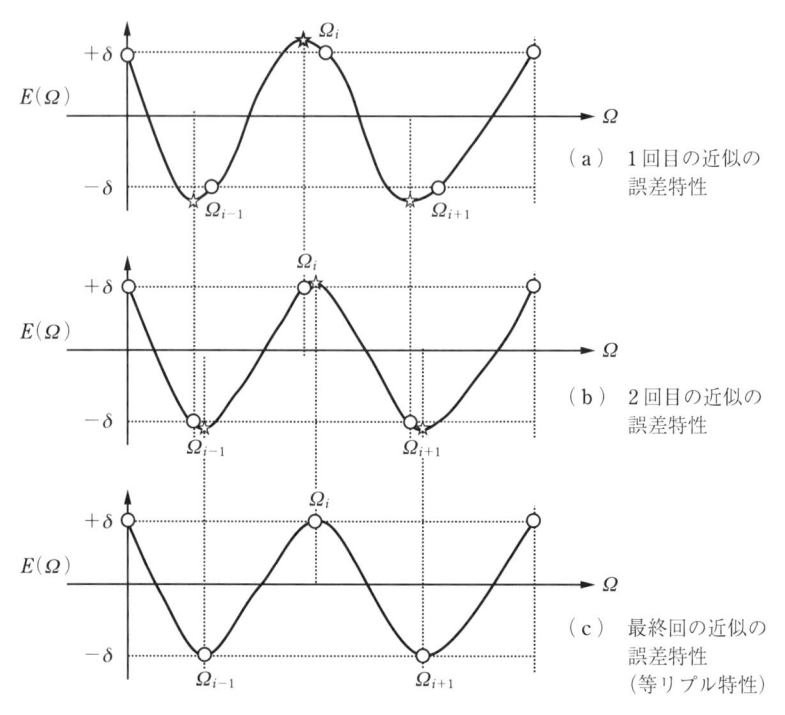

図 7.17 等リプル近似の誤差特性の変化の様子

(a) 1回目の近似の誤差特性
(b) 2回目の近似の誤差特性
(c) 最終回の近似の誤差特性（等リプル特性）

うかをチェックする。この過程を等リプル特性が得られるまで繰り返す。図 7.17 に誤差の変化の様子を示している。また，式 (7.43) の線形方程式を解く代わりに，内挿公式を用いてより効率的に計算できる。高次のフィルタの場合において，特に有効である。

例題 7.1

つぎの仕様を満たすタイプ 1 の直線位相 FIR 低域通過フィルタを等リプル近似せよ。フィルタ次数：$N=28$，通過域：$[0, 0.4\pi]$，阻止域：$[0.5\pi, \pi]$，重み関数は，通過域において，$W(\Omega)=1$，阻止域において，$W(\Omega)=2$ である。

解答 設計した FIR 直線位相フィルタのインパルス応答と振幅特性をそれぞれ図 7.18 と図 7.19 に示す。

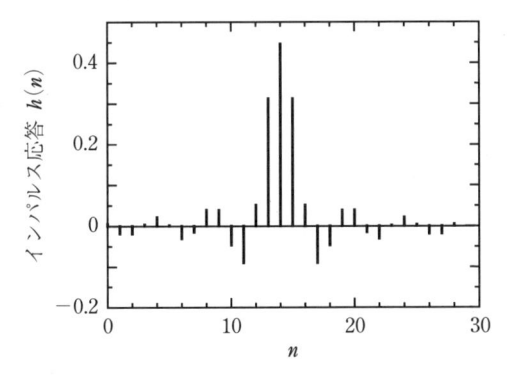

図 7.18 FIR 直線位相フィルタのインパルス応答

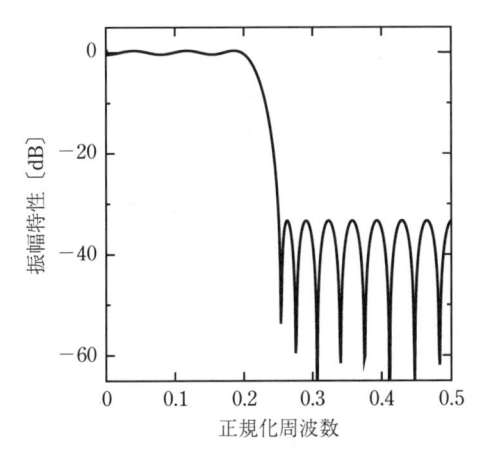

図 7.19 FIR 直線位相フィルタの振幅特性

7.4.3 最小位相フィルタ

直線位相フィルタは波形伝送や画像処理などの応用に適しているが，音声処理などの応用では，フィルタの遅延が最小となる最小位相特性が望まれる．ここでは，タイプ1の直線位相 FIR フィルタから最小位相フィルタを得る方法を紹介する．タイプ1以外のフィルタからは設計できないことを注意されたい．

まず，前述の等リプル設計法を用いてタイプ1の直線位相 FIR フィルタ $H(z)$ を設計する．例として，**図 7.20** に示す低域通過フィルタ（LPF）を考える．通過域と阻止域の振幅誤差は，それぞれ δ_p と δ_s とする．フィルタの零

136   7. 応　　　　用

(a) 直線位相FIRフィルタ $H(z)$

(b) 底上げしたフィルタ

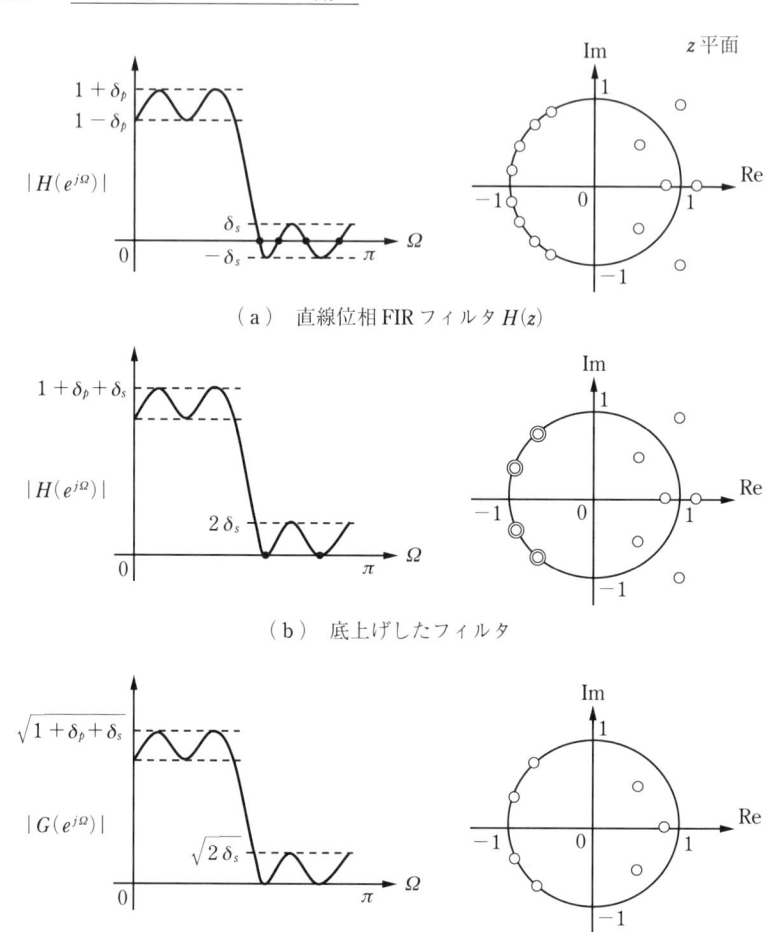

(c) 最小位相フィルタ $G(z)$

図7.20　最小位相フィルタの設計過程

点は単位円上の零点と単位円に対する鏡像零点となる（図(a)）。つぎに，インパルス応答の中心，すなわち，係数 $a(0)$ に δ_s を足す。そうすると，振幅特性は δ_s 分だけ上にシフトし，阻止域を底上げする。そのとき，得られた振幅特性は0以上になり，単位円上の零点は二重零点となる（図(b)）。そこで，単位円上の二重零点から一個ずつ，また単位円内の零点をとり，最小位相フィルタ $G(z)$ を構成する。得られた最小位相フィルタ $G(z)$ の2乗振幅は

もとの直線位相フィルタ $H(z)$ の振幅と同じであり，次数は半分となる（図(c)）。また，単位円外の零点をとると，最大位相フィルタになる。

7.5 IIRフィルタ

IIRフィルタの伝達関数は

$$H(z)=\frac{\sum_{m=0}^{M}b_m z^{-m}}{\sum_{n=0}^{N}a_n z^{-n}} \tag{7.44}$$

で与えられる。ここで，M と N はそれぞれ分子と分母の次数，フィルタ係数 a_n と b_m は実数で，一般に，$a_0=1$ である。IIRフィルタの直接型構成は**図7.21**に示される。

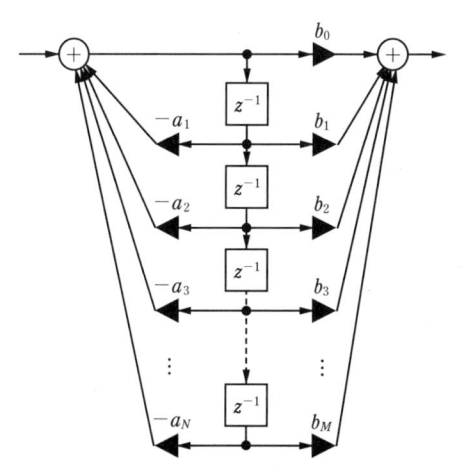

図7.21 IIRフィルタの直接型構成

IIRフィルタには，いろいろな設計法があるが，従来のアナログフィルタ理論を利用してディジタルフィルタを設計する方法が一般的に使われている。アナログフィルタ $H(s)$ を設計し，s-z 変換でディジタルフィルタ $H(z)$ を得る。例えば，つぎの**双一次 s-z 変換**の場合

$$s=\frac{1-z^{-1}}{1+z^{-1}} \tag{7.45}$$

138　7. 応　　　　用

$s=j\omega$ と $z=e^{j\Omega}$ とすると，アナログ周波数 ω とディジタル周波数 Ω の間につぎの関係がある。

$$\omega = \tan\frac{\Omega}{2} \tag{7.46}$$

アナログ周波数 ω の範囲 ($0 \sim \infty$) がディジタル周波数 Ω の範囲 ($0 \sim \pi$) に写像される。

図 7.22 に示されるように，アナログフィルタの振幅特性が横にひずんだ形でディジタルフィルタの振幅特性になる。これは，式 (7.46) の関係が線形的でないからである。この非線形的な変換のため，得られた IIR フィルタの位相特性がひずみ，アナログフィルタの位相特性が直線的であっても，ディジタルフィルタの直線位相特性を得ることが困難である。また，双一次 s-z 変換より得られた IIR フィルタは分子と分母が同次数に限定される。つぎに，IIR フィルタを直接設計する方法を紹介する。

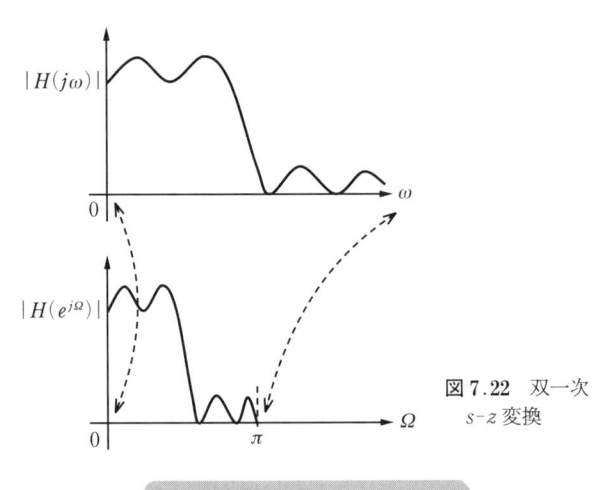

図 7.22　双一次 s-z 変換

7.5.1　等リプル設計法

まず，ゼロ位相フィルタ $G(z)$ を以下のように構成する。

$$G(z) = H(z)H(z^{-1}) = \frac{\sum_{m=-M}^{M} d_m z^{-m}}{\sum_{n=-N}^{N} c_n z^{-n}} \tag{7.47}$$

ここで，$c_n = c_{-n}$，$d_m = d_{-m}$ で，フィルタ係数が対称である。つまり，分子と分母多項式はタイプ1の直線位相 FIR フィルタに相当する。よって

$$G(e^{j\Omega}) = |H(e^{j\Omega})|^2 = \frac{d_0 + 2\sum_{m=1}^{M} d_m \cos(m\Omega)}{c_0 + 2\sum_{n=1}^{N} c_n \cos(n\Omega)} \tag{7.48}$$

が得られる。もし，$H(z)$ が単位円上に零点を持てば，$G(z)$ は単位円上の二重零点になる。また，$H(z)$ が単位円内（外）に零点を持つと，$G(z)$ の零点が単位円に対する鏡像零点になる。因果的安定な $H(z)$ のため，その極は単位円内にある。よって，$G(z)$ は単位円上に極を持たない。すなわち

$$c_0 + 2\sum_{n=1}^{N} c_n \cos(n\Omega) \neq 0 \quad (\text{すべての } \Omega) \tag{7.49}$$

が満たさなければならない。$G(z)$ の極が単位円に対する鏡像極になる。よって，単位円上に二重零点を持つ $G(z)$ を設計できれば，最小位相 FIR フィルタの設計のように単位円内の極と単位円上の二重零点から一個ずつ，および単位円に対する鏡像零点を分離することで，因果的安定な $H(z)$ が得られる。

つぎに，**Remez 交換アルゴリズムによる等リプル設計法**を説明する。直線位相 FIR フィルタの等リプル設計法（式（7.42））と同様に，$(N+M+2)$ 個の極値周波数点 Ω_i において，以下のように定式化を行う。

$$E(\Omega_i) = W(\Omega_i)\{G(e^{j\Omega_i}) - D(\Omega_i)\} = (-1)^i \delta \tag{7.50}$$

よって，式（7.48）から

$$d_0 + 2\sum_{m=1}^{M} d_m \cos(m\Omega_i) - D(\Omega_i) \left[c_0 + 2\sum_{n=1}^{N} c_n \cos(n\Omega_i) \right]$$

$$= \frac{(-1)^i}{W(\Omega_i)} \delta \left[c_0 + 2\sum_{n=1}^{N} c_n \cos(n\Omega_i) \right] \tag{7.51}$$

が得られ，行列の形で表すと

$$\boldsymbol{Px} = \delta \boldsymbol{Qx} \tag{7.52}$$

となる。ここで

$$\boldsymbol{X} = [d_0, d_1, \cdots, d_M, c_0, c_1, \cdots, c_N]^T$$

$$P = \begin{bmatrix} 1, & 2\cos\Omega_0, & \cdots, & 2\cos(M\Omega_0), & -D(\Omega_0), \\ 1, & 2\cos\Omega_1, & \cdots, & 2\cos(M\Omega_1), & -D(\Omega_1), \\ \vdots, & \vdots, & \ddots, & \vdots, & \vdots, \\ 1, & 2\cos\Omega_{N+M+1}, & \cdots, & 2\cos(M\Omega_{N+M+1}), & -D(\Omega_{N+M+1}), \end{bmatrix}$$

$$\begin{matrix} -2D(\Omega_0)\cos\Omega_0, & \cdots, & -2D(\Omega_0)\cos(N\Omega_0) \\ -2D(\Omega_1)\cos\Omega_1, & \cdots, & -2D(\Omega_1)\cos(N\Omega_1) \\ \vdots, & \ddots, & \vdots \\ -2D(\Omega_{N+M+1})\cos\Omega_{N+M+1}, & \cdots, & -2D(\Omega_{N+M+1})\cos(N\Omega_{N+M+1}) \end{matrix}$$

$$Q = \begin{bmatrix} 0, & 0, & \cdots, & 0, & \dfrac{1}{W(\Omega_0)}, & \dfrac{2\cos\Omega_0}{W(\Omega_0)}, \\ 0, & 0, & \cdots, & 0, & -\dfrac{1}{W(\Omega_1)}, & -\dfrac{2\cos\Omega_1}{W(\Omega_1)}, \\ \vdots, & \vdots, & \ddots, & \vdots, & \vdots, & \vdots, \\ 0, & 0, & \cdots, & 0, & \dfrac{(-1)^{N+M+1}}{W(\Omega_{N+M+1})}, & (-1)^{N+M+1}\dfrac{2\cos\Omega_{N+M+1}}{W(\Omega_{N+M+1})}, \end{bmatrix}$$

$$\begin{matrix} \cdots, & \dfrac{2\cos(N\Omega_0)}{W(\Omega_0)} \\ \cdots, & -\dfrac{2\cos(N\Omega_1)}{W(\Omega_1)} \\ \ddots, & \vdots \\ \cdots, & (-1)^{N+M+1}\dfrac{2\cos(N\Omega_{N+M+1})}{W(\Omega_{N+M+1})} \end{matrix}$$

したがって,式(7.52)は一般化された固有値問題である.この固有値問題を解いて,式(7.49)の安定条件を満たす唯一の解が得られる.また,FIRフィルタの場合と同様に,Remez 交換アルゴリズムを利用し,極値周波数点を探しながら反復計算を行い,フィルタの等リプル振幅特性が設計できる.

　ここで,阻止域において,所望振幅が0とし,以上のように設計したフィルタの振幅特性が $+\delta_s$ と $-\delta_s$ の間にリプルをうち,$G(z)$ の零点が単位円上の二重零点にならない.単位円上の二重零点になるには,阻止域においてのみ,以下のように定式化を修正する.

$$E(\Omega_i) = W(\Omega_i) G(e^{j\Omega_i}) = \{1 + (-1)^i\}\delta \qquad (7.53)$$

よって，阻止域に $+2\delta_s$ と 0 の間にリプルをうつので，$G(z)$ が単位円上に二重零点を持ち，零点と極を分離して $H(z)$ が得られる．

例題 7.2

つぎの仕様を満たす IIR 帯域通過フィルタを等リプル近似せよ．フィルタ次数：$M+N=15$，通過域：$[0.4\pi, 0.6\pi]$，阻止域：$[0, 0.3\pi]$ と $[0.8\pi, \pi]$，重み関数は，通過域において，$W(\Omega)=1$，阻止域において，それぞれ，$W(\Omega)=10\,000$ と $W(\Omega)=1\,000$ である．

解答 $M=7$, $N=8$ と $M=9$, $N=6$ として，二つの IIR フィルタ $G(z)$ を設計し，分離して得られた $H(z)$ の振幅特性をそれぞれ図 7.23 と図 7.24 に示す．

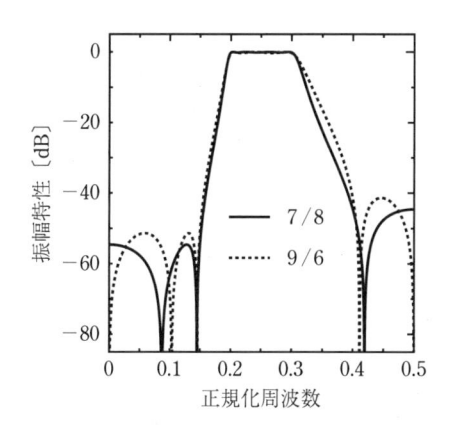

図 7.23 IIR フィルタの振幅特性

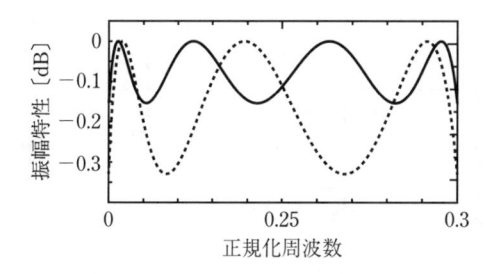

図 7.24 通過域の振幅特性

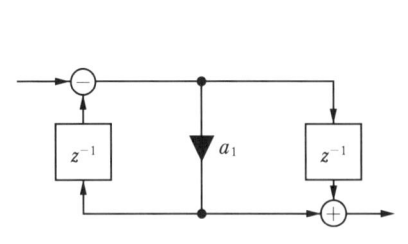

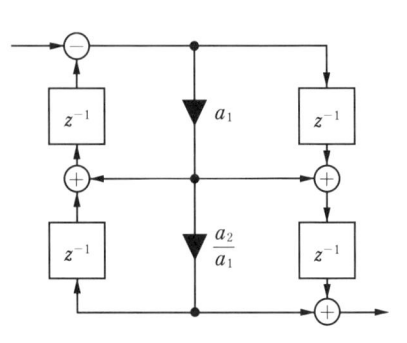

7.5.2 オールパスフィルタ

オールパスフィルタはIIRフィルタの一つである。その伝達関数は

$$A(z) = z^{-N} \frac{\sum_{n=0}^{N} a_n z^n}{\sum_{n=0}^{N} a_n z^{-n}} \tag{7.54}$$

で定義される。ここで，a_nは実数である。振幅特性と位相特性は

$$|A(e^{j\Omega})| = 1 \tag{7.55}$$

$$\theta(\Omega) = -N\Omega + 2\tan^{-1} \frac{\sum_{n=0}^{N} a_n \sin(n\Omega)}{\sum_{n=0}^{N} a_n \cos(n\Omega)} \tag{7.56}$$

である。明らかに，すべての周波数に対し，振幅が一定で位相のみが変化する。このようなフィルタは位相また遅延等化器としてよく使われる。因果的安定なオールパスフィルタは，その極がすべて単位円内に存在し，位相特性は周波数に対して単調減少で，$\theta(0)=0$，$\theta(\pi)=-N\pi$である。また，分子と分母の係数が対称のため，零点と極は単位円に対し鏡像関係を満たす。例として，1次または2次のオールパスフィルタは

$$A(z) = \frac{z^{-1} + a_1}{1 + a_1 z^{-1}}$$

$$A(z) = \frac{z^{-2} + a_1 z^{-1} + a_2}{1 + a_1 z^{-1} + a_2 z^{-2}}$$

図7.25　1次のオールパスフィルタ　　図7.26　2次のオールパスフィルタ

であり,図7.25と図7.26に示されるように,一個あるいは二個の乗算器で実現できる。N次のオールパスフィルタは,1次または2次のオールパスフィルタの縦続接続に分解できるので,ただN個の乗算器を用いて構成することができる。

つぎに,オールパスフィルタの位相特性の等リプル設計法について述べる。所望の位相特性を$\theta_d(\Omega)$とする。位相誤差$\theta_e(\Omega)$は

$$\theta_e(\Omega)=\theta(\Omega)-\theta_d(\Omega) \tag{7.57}$$

である。まず

$$e^{j\theta_e(\Omega)}=e^{j\{\theta(\Omega)-\theta_d(\Omega)\}}=e^{j\theta(\Omega)}e^{-j\theta_d(\Omega)}$$

$$=e^{-jN\Omega}\frac{\sum_{n=0}^{N}a_n e^{jn\Omega}}{\sum_{n=0}^{N}a_n e^{-jn\Omega}}e^{-j\theta_d(\Omega)}=\frac{\sum_{n=0}^{N}a_n e^{j\{(n-N/2)\Omega-\theta_d(\Omega)/2\}}}{\sum_{n=0}^{N}a_n e^{-j\{(n-N/2)\Omega-\theta_d(\Omega)/2\}}} \tag{7.58}$$

よって

$$\theta_e(\Omega)=2\tan^{-1}\frac{\sum_{n=0}^{N}a_n \sin\left\{\left(n-\frac{N}{2}\right)\Omega-\frac{\theta_d(\Omega)}{2}\right\}}{\sum_{n=0}^{N}a_n \cos\left\{\left(n-\frac{N}{2}\right)\Omega-\frac{\theta_d(\Omega)}{2}\right\}} \tag{7.59}$$

が得られる。つぎに,Remez交換アルゴリズムを用いて定式化する。すなわち

$$\theta_e(\Omega_i)=2\tan^{-1}\frac{\sum_{n=0}^{N}a_n \sin\{(n-N/2)\Omega_i-\theta_d(\Omega_i)/2\}}{\sum_{n=0}^{N}a_n \cos\{(n-N/2)\Omega_i-\theta_d(\Omega_i)/2\}}=(-1)^i\delta_e \tag{7.60}$$

上式から

$$\frac{\sum_{n=0}^{N}a_n \sin\{(n-N/2)\Omega_i-\theta_d(\Omega_i)/2\}}{\sum_{n=0}^{N}a_n \cos\{(n-N/2)\Omega_i-\theta_d(\Omega_i)/2\}}=(-1)^i\tan\frac{\delta_e}{2}=(-1)^i\delta \tag{7.61}$$

ここで,$\delta=\tan(\delta_e/2)$である。したがって,式(7.29)のような固有値問題に帰着できる。

$$\boldsymbol{X}=[a_0, a_1, \cdots, a_N]^T$$

$$\boldsymbol{P} = \begin{bmatrix} \sin\left\{\dfrac{-N\Omega_0 - \theta_d(\Omega_0)}{2}\right\}, & \sin\left\{\dfrac{(2-N)\Omega_0 - \theta_d(\Omega_0)}{2}\right\}, & \cdots, & \sin\left\{\dfrac{N\Omega_0 - \theta_d(\Omega_0)}{2}\right\} \\ \sin\left\{\dfrac{-N\Omega_1 - \theta_d(\Omega_1)}{2}\right\}, & \sin\left\{\dfrac{(2-N)\Omega_1 - \theta_d(\Omega_1)}{2}\right\}, & \cdots, & \sin\left\{\dfrac{N\Omega_1 - \theta_d(\Omega_1)}{2}\right\} \\ \vdots, & \vdots, & \ddots, & \vdots \\ \sin\left\{\dfrac{-N\Omega_N - \theta_d(\Omega_N)}{2}\right\}, & \sin\left\{\dfrac{(2-N)\Omega_N - \theta_d(\Omega_N)}{2}\right\}, & \cdots, & \sin\left\{\dfrac{N\Omega_N - \theta_d(\Omega_N)}{2}\right\} \end{bmatrix}$$

そのとき

$$\boldsymbol{Q} = \begin{bmatrix} \cos\left\{\dfrac{N\Omega_0 + \theta_d(\Omega_0)}{2}\right\}, & \cos\left\{\dfrac{(N-2)\Omega_0 + \theta_d(\Omega_0)}{2}\right\}, & \cdots, & \cos\left\{\dfrac{N\Omega_0 - \theta_d(\Omega_0)}{2}\right\} \\ -\cos\left\{\dfrac{N\Omega_1 + \theta_d(\Omega_1)}{2}\right\}, & -\cos\left\{\dfrac{(N-2)\Omega_1 + \theta_d(\Omega_1)}{2}\right\}, & \cdots, & -\cos\left\{\dfrac{N\Omega_1 - \theta_d(\Omega_1)}{2}\right\} \\ \vdots, & \vdots, & \ddots, & \vdots \\ (-1)^N \cos\left\{\dfrac{N\Omega_N + \theta_d(\Omega_N)}{2}\right\}, & (-1)^N \cos\left\{\dfrac{(N-2)\Omega_N + \theta_d(\Omega_N)}{2}\right\}, & \cdots, & (-1)^N \cos\left\{\dfrac{N\Omega_N - \theta_d(\Omega_N)}{2}\right\} \end{bmatrix}$$

となる。

　同様にこの固有値問題を解いて，近似帯域において以下の条件を満たす解が求められる。さらに Remez 交換アルゴリズムを用いて，反復計算より等リプ

ルの位相特性が設計できる．

$$\sum_{n=0}^{N} a_n \cos\left\{\left(n-\frac{N}{2}\right)\varOmega - \frac{\theta_d(\varOmega)}{2}\right\} \neq 0 \tag{7.62}$$

オールパスフィルタは，すべての周波数成分を通過させるので，そのまま周波数選択性のフィルタとしては使えないが，複数個のフィルタを用いることより，LPF や BPF などが設計できる．例えば，図 7.27 に示す二つのオールパスフィルタの並列接続構成を考える．

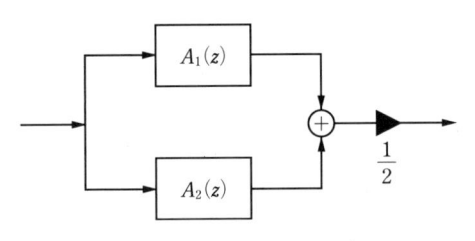

図 7.27 オールパスフィルタの並列接続構成

その伝達関数は

$$H(z) = \frac{1}{2}[A_1(z) + A_2(z)] \tag{7.63}$$

である．ここで，$A_1(z)$，$A_2(z)$ は N_1，N_2 次のオールパスフィルタである．$\theta_1(\varOmega)$，$\theta_2(\varOmega)$ をそれぞれ $A_1(z)$，$A_2(z)$ の位相特性とすると

$$\begin{aligned} H(e^{j\varOmega}) &= \frac{1}{2}[e^{j\theta_1(\varOmega)} + e^{j\theta_2(\varOmega)}] \\ &= \cos\frac{\theta_1(\varOmega) - \theta_2(\varOmega)}{2} e^{j\{\theta_1(\varOmega)+\theta_2(\varOmega)\}/2} \end{aligned} \tag{7.64}$$

が得られ，振幅特性と位相特性は

$$|H(e^{j\varOmega})| = \left|\cos\frac{\theta_1(\varOmega) - \theta_2(\varOmega)}{2}\right| \tag{7.65}$$

$$\theta_H(\varOmega) = \frac{\theta_1(\varOmega) + \theta_2(\varOmega)}{2} \tag{7.66}$$

である．

例として，LPF の場合を考える．LPF になるには，二つのフィルタの位相

差は

$$\theta_1(\Omega) - \theta_2(\Omega) = \begin{cases} 0 & (\text{通過域}) \\ \pm \pi & (\text{阻止域}) \end{cases} \tag{7.67}$$

を満たさなければならない。また，$H(z)$ の位相特性が直線位相であることが要求される場合，つまり

$$\theta_H(\Omega) = -K\Omega \tag{7.68}$$

であるとき，式 (7.66) から，位相の和は

$$\theta_1(\Omega) + \theta_2(\Omega) = -2K\Omega \tag{7.69}$$

でなければならない。よって，式 (7.67) と式 (7.69) から，図 7.28 のように

$$\theta_1(\Omega) = \begin{cases} -K\Omega & (\text{通過域}) \\ -K\Omega \pm \dfrac{\pi}{2} & (\text{阻止域}) \end{cases} \tag{7.70}$$

$$\theta_2(\Omega) = \begin{cases} -K\Omega & (\text{通過域}) \\ -K\Omega \mp \dfrac{\pi}{2} & (\text{阻止域}) \end{cases} \tag{7.71}$$

となり，上式の位相特性に $A_1(z)$，$A_2(z)$ の位相特性を近似させれば，LPF が設計できる。また，因果的安定なフィルタのため，$N_1 = N_2 \pm 1$，$K = (N_1 + N_2)/2$ である必要がある。

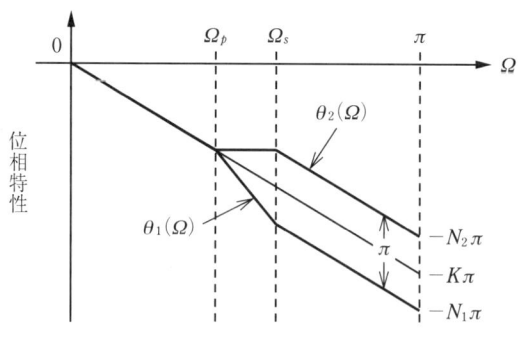

図 7.28 位 相 特 性

7.5 IIRフィルタ

例題 7.3

つぎの仕様を満たす IIR 低域通過フィルタを設計せよ。フィルタ次数：$N_1=11$，$N_2=10$，$K=10.5$，通過域：$[0, 0.4\pi]$，阻止域：$[0.6\pi, \pi]$，重み関数は，通過域と阻止域ともに，$W(\Omega)=1$である。

解答 設計した二つのオールパスフィルタ $A_1(z)$，$A_2(z)$ の位相特性を図 7.29 に，位相誤差を図 7.30 に示し，ともに等リプル特性となっている。また，得られた IIR フィルタ $H(z)$ の周波数特性を図 7.31 に示す。

二つのオールパスフィルタ $A_1(z)$，$A_2(z)$ の差をとると，新しいフィルタ $G(z)$ が得られる。

$$G(z)=\frac{1}{2}[A_1(z)-A_2(z)]$$

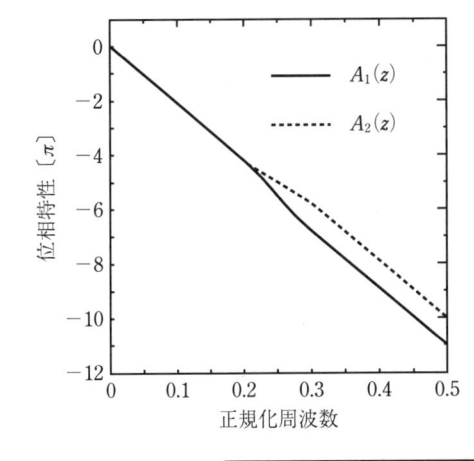

図 7.29 オールパスフィルタの位相特性

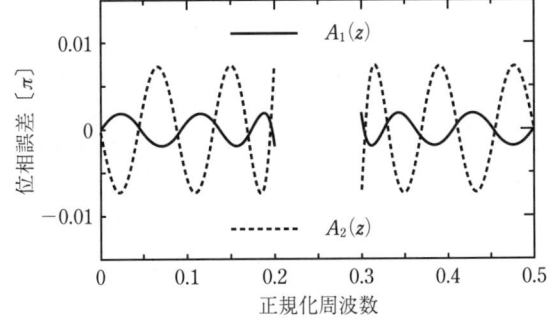

図 7.30 位相誤差

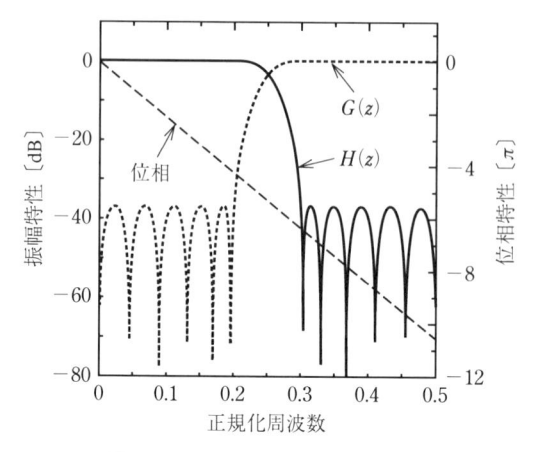

図7.31 IIRフィルタの周波数特性

図 7.31 に示すその振幅特性から，高域通過フィルタであることがわかる．$H(z)$ と $G(z)$ はたがいにパワーコンプリメンタリ関係にある．また，図 7.27 に示す並列接続構造で，減算器を 1 個増やせば，$H(z)$ と同時に，$G(z)$ の出力も得られる．

演習問題

【1】 タイプ 3 の FIR 直線位相フィルタに対し，フィルタ係数の対称条件を用いて振幅特性と位相特性を求めよ．

【2】 タイプ 2 とタイプ 4 の FIR 直線位相フィルタの二つを縦続接続したときの全体システムのタイプを求めよ．

【3】 以下の振幅特性を持つ 4 次のタイプ 1 の FIR 直線位相フィルタを設計せよ．
$$|H(1)|=1, \quad |H(j)|=\frac{1}{4}, \quad |H(-1)|=0$$

【4】 二つのオールパスフィルタを用いて実現した BPF の伝達関数を求め，オールパスフィルタの次数と位相の条件を求めよ．実際の設計では，この位相条件は近似的にしか満たされないため，通過域と阻止域の位相誤差をそれぞれ θ_p, θ_s とし，この位相誤差と BPF の振幅誤差との関係を求めよ．

付　　　　　録

【1】 複素数はいろいろな形式で表される。まず，複素数 z は直交座標形式と呼ばれる以下の形がある（**付図1**を参照）。

$$z = x + jy$$

ここで，$j = \sqrt{-1}$ であり，x, y は複素数 z の実数部，虚数部とそれぞれ呼ばれる実数である。したがって，$x = \mathrm{Re}[z]$, $y = \mathrm{Im}[z]$ と定義する。

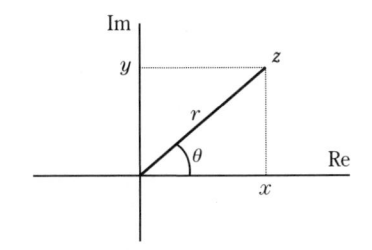

付図1　直交座標と極座標

また，複素数 z は極座標形式と呼ばれる以下の形がある。

$$z = re^{j\theta}$$

ここで，r は z の大きさであり，$r = |z| > 0$ である。また，$\theta = \angle z = \tan^{-1}(y/x) = \arctan(y/x)$ である。

さらに，オイラーの関係式 $e^{j\theta} = \cos\theta + j\sin\theta$ を用いて，複素数 z は以下のような三角関数で表すこともできる。

$$z = re^{j\theta} = r\cos\theta + jr\sin\theta$$

$z = x + jy = re^{j\theta}$ として複素数 z が表されているとき，$x - jy$ の表現として，複素数 z の共役として定義され，$z^* = x - jy = re^{-j\theta}$ で表す。

以下の関係式を導出しなさい。

（1）　$\cos\theta = (e^{j\theta} + e^{-j\theta})/2$　　（2）　$\sin\theta = (e^{j\theta} - e^{-j\theta})/2j$

（3）　$\sin(\theta \pm \phi) = \sin\theta\cos\phi \pm \cos\theta\sin\phi$

（4）　$\cos(\theta \pm \phi) = \cos\theta\cos\phi \mp \sin\theta\sin\phi$

（5）　$\sin 2\theta = 2\cos\theta\sin\theta$　　（6）　$\cos 2\theta = \cos^2\theta - \sin^2\theta = 2\cos^2\theta - 1$

（7）　$\sin^2\theta = (1 - \cos 2\theta)/2$　　（8）　$\cos^2\theta = (1 + \cos 2\theta)/2$

(9) $\sin\theta\cos\phi = \{\sin(\theta+\phi)+\sin(\theta-\phi)\}/2$
(10) $\cos\theta\cos\phi = \{\cos(\theta+\phi)+\cos(\theta-\phi)\}/2$

【2】 $z = re^{j\theta} = r\cos\theta + jr\sin\theta$ のとき，以下の関係式を導出しなさい．
(1) $z + z^* = 2\,\mathrm{Re}[z] = 2x = 2r\cos\theta$
(2) $z - z^* = 2j\,\mathrm{Im}[z] = 2jy = 2jr\sin\theta$
(3) $(z_1 + z_2)^* = z_1^* + z_2^*$ (4) $(az_1 z_2)^* = az_1^* z_2^*$ （ただし，a は実数）
(5) $|z|^2 = zz^* = r^2$ (6) $z/z^* = e^{j2\theta}$ (7) $(z_1/z_2)^* = z_1^*/z_2^*$
(8) $\mathrm{Re}(z_1/z_2) = (1/2)[(z_1 z_2^* + z_1^* z_2)/z_2 z_1^*]$
[ヒント] (8) は (1) と (7) の結果を用いる．

【3】 つぎの関係式を導出しなさい．
(1) $|z| = |z^*| = r$ (2) $(e^z)^* = e^{z^*}$
(3) $z_1 z_2^* + z_1^* z_2 = 2\,\mathrm{Re}[z_1 z_2^*] = 2\,\mathrm{Re}[z_1^* z_2]$ (4) $|z_1 z_2| = |z_1||z_2|$
(5) $\mathrm{Re}[z] \le |z|,\ \mathrm{Im}[z] \le |z|$ (6) $|z_1 z_2^* + z_1^* z_2| \le 2|z_1 z_2|$
(7) $(|z_1| - |z_2|)^2 \le |z_1 + z_2|^2 \le (|z_1| + |z_2|)^2$
[ヒント] (2) は【2】の (1) を用い，また (6) は (3) と (5) の結果を用い，(7) は (6) から導出したほうが容易である．

【4】 この問題は離散値系信号処理でよく用いられる等比級数の復習である．ここで a は複素数でも適用可能である．
(1) 次式を証明しなさい．
$$\sum_{n=0}^{N-1} a^n = \begin{cases} = N & (a = 1) \\ = \dfrac{1 - a^N}{1 - a} & (a \ne 1) \end{cases}$$

(2) $|a| < 1$ のとき，以下の式が成立することを証明せよ．
(a) $\displaystyle\sum_{n=0}^{\infty} a^n = \frac{1}{1-a}$ (b) $\displaystyle\sum_{n=0}^{\infty} na^n = \frac{a}{(1-a)^2}$
(c) $\displaystyle\sum_{n=k}^{\infty} a^n = \frac{a^k}{1-a}$

解　答

【1】解答略

【2】おもな問題について解答する。

(1) $z+z^* = r\cos\theta + jr\sin\theta + r\cos\theta - jr\sin\theta = 2r\cos\theta$
$= 2\,\mathrm{Re}[z]$

(7) $z_1 = r_1 e^{j\theta_1}$, $z_2 = r_2 e^{j\theta_2}$ とおくと

$$(z_1/z_2)^* = \left(\frac{r_1 e^{j\theta_1}}{r_2 e^{j\theta_2}}\right)^* = \left(\frac{r_1}{r_2}\right) e^{-j(\theta_1-\theta_2)} = \left(\frac{r_1 e^{-j\theta_1}}{r_2 e^{-j\theta_2}}\right) = z_1^*/z_2^*$$

(8) (1)に $z = z_1/z_2$ とおき，さらに(7)から

$$\mathrm{Re}[z_1/z_2] = \frac{1}{2}\left(\frac{z_1}{z_2} + \left(\frac{z_1}{z_2}\right)^*\right) = \frac{1}{2}\left(\frac{z_1}{z_2} + \frac{z_1^*}{z_2^*}\right)$$
$$= \frac{1}{2} \cdot \frac{z_1 z_2^* + z_1^* z_2}{z_2 z_2^*}$$

【3】おもな問題について解答する。

(3) 【2】の(1)から，$z = z_1 z_2^*$ とおくと

$z_1 z_2^* + (z_1 z_2^*)^* = z_1 z_2^* + z_1^*(z_2^*)^* = z_1 z_2^* + z_1^* z_2 = 2\,\mathrm{Re}[z_1 z_2^*]$

つぎに，$z = z_1^* z_2$ とおけば，同様な結果を得る。

(5) $z = re^{j\theta} = r\cos\theta + jr\sin\theta = \mathrm{Re}[z] + j\,\mathrm{Im}[z]$ から，$|z| = r$，
$|r\cos\theta| \leq r$, $|r\sin\theta| \leq r$ であるから，$\mathrm{Re}[z] \leq |z|$, $\mathrm{Im}[z] \leq |z|$ となる。

(6) 【2】の(1)と【3】の(5)から，$z = z_1 z_2^*$ とおくと

$|z_1 z_2^* + z_1^* z_2| = 2|\mathrm{Re}\,z_1 z_2^*| = 2|\mathrm{Re}\,z_1||z_2^*| = 2|\mathrm{Re}\,z_1||z_2|$
$= 2|\mathrm{Re}\,z_1 z_2| \leq 2|z_1 z_2|$

(7) (6)より

$-2|z_1 z_2| \leq z_1 z_2^* + z_1^* z_2 \leq 2|z_1 z_2|$

上式の3辺に $|z_1|^2 + |z_2|^2$ をそれぞれ加えると

$|z_1|^2 + |z_2|^2 - 2|z_1 z_2| \leq |z_1|^2 + |z_2|^2 + z_1 z_2^* + z_1^* z_2 \leq |z_1|^2 + |z_2|^2 + 2|z_1 z_2|$

$|z_1|^2 + |z_2|^2 - 2|z_1||z_2| \leq z_1 z_1^* + z_2 z_2^* + z_1 z_2^* + z_1^* z_2 \leq |z_1|^2 + |z_2|^2 + 2|z_1||z_2|$

$(|z_1| - |z_2|)^2 \leq (z_1 + z_2)(z_1 + z_2)^* \leq (|z_1| + |z_2|)^2$

ゆえに

$(|z_1| - |z_2|)^2 \leq |z_1 + z_2|^2 \leq (|z_1| + |z_2|)^2$

【4】(1) $a = 1$ のとき $\sum_{n=0}^{N-1} a^n = 1 + \cdots + 1 = N$

$a \neq 1$ のとき $\sum_{n=0}^{N-1} a^n = 1 + a + a^2 + \cdots + a^{N-1}$ ①

両辺を a 倍すると

$a \sum_{n=0}^{N-1} a^n = a + a^2 + \cdots + a^N$ ②

①－②では, $(1-a) \sum_{n=0}^{N-1} a^n = 1 - a^N$

両辺を $1-a$ で割ると

$\sum_{n=0}^{N-1} a^n = \dfrac{1-a^N}{1-a}$

(2) $|a| < 1$ のとき,以下の式が成立することを証明せよ．

(a) $\sum_{n=0}^{\infty} a^n = \lim_{N \to \infty} \sum_{n=0}^{N-1} a^n = \lim_{N \to \infty} \left(\dfrac{1}{1-a} - \dfrac{a^N}{1-a} \right) = \dfrac{1}{1-a}$

(b) (a) の両辺を a で微分すると

$\sum_{n=0}^{\infty} n a^{n-1} = \dfrac{1}{(1-a)^2}$

さらに両辺に a 倍すると

$\sum_{n=0}^{\infty} n a^n = \dfrac{a}{(1-a)^2}$

(c) $\sum_{n=k}^{\infty} a^n = \sum_{n=0}^{\infty} a^n - \sum_{n=0}^{k-1} a^n = \dfrac{1}{1-a} - \dfrac{1-a^k}{1-a} = \dfrac{a^k}{1-a}$

引用・参考文献

1) A. V. Oppenheim, A. S. Willsky, S. H. Nawab：Signals & Systems, Prentice Hall（1996）
2) A. V. オッペンハイム他 著，伊達 玄 訳：信号とシステム（1）（2）（4），コロナ社（1985）
3) A. V. オッペンハイム他 著，伊達 玄 訳：ディジタル信号処理（上）（下），コロナ社（1978）
4) 谷萩隆嗣：ディジタル信号処理の理論（1）（2）（3），コロナ社（1985）
5) 中溝高好：信号解析とシステム同定，コロナ社（1988）
6) 電子情報通信学会編：ディジタル信号処理の基礎，コロナ社（1988）
7) 電子情報通信学会編：ディジタル信号処理の応用，コロナ社（1988）
8) 辻井重男，鎌田一雄：ディジタル信号処理，昭晃堂（1990）
9) 浜田 望：よくわかる信号処理，オーム社（1995）
10) 貴家仁志：ディジタル信号処理，昭晃堂（1997）
11) J. G. Proakis, D. G. Manolakis 著，浜田 望，田口 亮，近藤克哉，仲地孝之 共訳：ディジタル信号処理，科学技術出版（2001）
12) 佐川雅彦，貴家仁志：高速フーリエ変換とその応用，昭晃堂（1992）
13) 森下 巌：わかりやすいディジタル信号処理，昭晃堂（1996）
14) 木村英紀：ディジタル信号処理と制御，昭晃堂（1982）
15) 中田和夫：ディジタル信号処理の基礎と応用，森北出版（1996）
16) 兼田 護，宇津宮孝一：ディジタル信号処理の基礎，森北出版（2000）
17) 杉山久佳：ディジタル信号処理，森北出版（2005）
18) 萩原将文：ディジタル信号処理，森北出版（2001）
19) 小島紀男，篠崎寿夫：z 変換入門，東海大学出版会（1981）
20) 前田 渡：ディジタル信号処理の基礎，オーム社（1980）
21) 今井 聖：ディジタル信号処理，産報出版（1980）
22) 江原義郎：ユーザーズ ディジタル信号処理，東京電機大学出版局（1991）
23) 松田 稔：ディジタル信号処理入門，日刊工業新聞社（1984）
24) 城戸健一：ディジタル信号処理入門，丸善（1985）

引用・参考文献

25) 小澤愼治：ディジタル信号処理，実教出版（1979）
26) B. ゴールド，C. M. レイダー 著，石田晴久 訳：電子計算機による信号処理，共立出版（1972）
27) 武部 幹：ディジタルフィルタの設計，東海大学出版会（1986）
28) T. W. Parks, J. H. McClellan：Chebyshev approximation for nonrecursive digital filters with linear phase, IEEE Trans. Circuit Theory, CT-19, 3, pp.189-194（March. 1972）
29) J. H. McClellan, T. W. Parks：A unified approach to the design of optimum FIR linear phase digital filters, IEEE Trans. Circuit Theory, CT-20, 11, pp.697-701（Nov. 1973）
30) O. Herrmann, H. W. Schuessler：Design of nonrecursive digital filters with minimum phase, Electron. Lett., 6, pp.329（May. 1970）
31) X. Zhang, H. Iwakura, ：Design of IIR digital filters based on eigenvalue problem, IEEE Trans. Signal Processing, 44, 6, pp.1325-1333（Feb. 1996）
32) X. Zhang, H. Iwakura：Design of IIR digital allpass filters based on eigenvalue problem, IEEE Trans. Signal Processing, 47, 2, pp.554-559（Feb. 1999）

演習問題解答

1章

【1】（1） $x(n)=-x(-n)$ を用いて，$\sum$ を展開する。
（2） $x_1(n)=-x_1(-n)$，$x_2(n)=x_2(-n)$ を用いる。
（3） $x(n)=x_e(n)+x_o(n)$ を用いて，奇関数，偶関数の性質を使う。

【2】（1） $d=\gcd(k,N)$ として，$k=ad$，$N=bd$ なる整数値 d，a，b が存在し，かつ，a，b はたがいに素であることを活用して証明する。
（2） $\phi_k(n)$ において，$0\leq k\leq 8$，$0\leq n\leq 8$ として実際に求めてみる。
（3） （2）と同様。

【3】線形，時不変

【4】（1） $\phi_{xy}(t)=\phi_{yx}(-t)$　　（2） $Odd\{\phi_{xx}(t)\}=0$
（3） $\phi_{xy}(t)=\phi_{xx}(t-T)$，$\phi_{yy}(t)=\phi_{xx}(t)$
（4） 線形，時変，非因果　　（5） 線形，時不変，非因果

2章

【1】（1） $y(n)=\dfrac{\alpha^{n+1}-\beta^{n+1}}{\alpha-\beta}u(n)$
（2） $y(n)=3$
（3） $y(n)=\left\{2-\dfrac{1}{2}\left(\dfrac{1}{3}\right)^n\right\}u(n)$，　$y(n)=\dfrac{3}{2}3^{-|n|}u(-n-1)$

【2】（1） 証明略
（2）（a） $w(n)=\dfrac{4}{5}\left\{1-\left(-\dfrac{1}{4}\right)^{n+1}\right\}u(n)$，
　　　　$y(n)=\delta(n)+(n+1)u(n-1)$
　　　　$=(n+1)u(n)$
（b） $g(n)=u(n)$
　　　$y(n)=\delta(n)+(n+1)u(n-1)$
　　　$=(n+1)u(n)$

$y(n)$ の値は設問（a）と（b）とでは畳込みの順序を変更しても同じ解答になることを体験する。

（3） 最初に $x(n)*h_2(n)$ の演算を行うと，その結果は $\delta(n)$ となるので，$y(n)=\cos 2n$ となる。

【3】（1） $h_2(n)=u(n)-u(n-2)=\delta(n)+\delta(n-1)$ として，$w(n)=h_2(n)*$

$h_2(n)$ の畳込み演算を行うと $w(n)=\delta(n)+2\delta(n-1)+\delta(n-2)$ を得る。つぎに $h_1(n)=a_1\delta(n)+a_2\delta(n-1)+a_3\delta(n-2)$ として，$y(n)=w(n)*h_1(n)$ の畳込み演算を行い，その時刻ごとの係数値が図2.4に示されている値と同じになるように未定係数法を用いて，a_1, a_2, a_3を求める。解答は $h_1(n)=3\delta(n)+2\delta(n-1)+\delta(n-2)$ となる。

（2） 解答略

【4】 $T=2$ のときは三角パルスが並ぶ。$T=1$ のときは，振幅1で直線となる図。

【5】（1） 連続系の畳込み積分 $\int_{-\infty}^{\infty} x(t)h(t-\tau)d\tau$ を用いて

$$h(t)=\sum_{n=0}^{\infty} h_n\delta(t-nT), \quad x(t)=\sum_{n=-\infty}^{\infty} x_n\delta(t-nT)$$

を代入して求める。

（2） $h(t)=\delta(t)-\delta(t-T)$

【6】（1） $\phi_{x_1x_1}(n)=\delta(n+2)+4\delta(n+1)+6\delta(n)+4\delta(n-1)+\delta(n-2)$
$\phi_{x_2x_2}(n)=\delta(n+2)+2\delta(n+1)+3\delta(n)+2\delta(n-1)+\delta(n-2)$
$\phi_{x_3x_3}(n)=2\delta(n+2)-3\delta(n+1)+4\delta(n)-3\delta(n-1)$
$\qquad +2\delta(n-2)$

（2） $\phi_{x_1x_2}(n)=\delta(n+3)+3\delta(n+2)+4\delta(n+1)+3\delta(n)+\delta(n-1)$
$\phi_{x_1x_3}(n)=\delta(n+3)+2\delta(n+2)+\delta(n)+\delta(n-1)$
$\phi_{x_2x_1}(n)=\delta(n+1)+3\delta(n)+4\delta(n-1)+3\delta(n-2)+\delta(n-3)$
$\phi_{x_2x_3}(n)=-\delta(n+3)-\delta(n+1)+\delta(n)+\delta(n-2)$
$\phi_{x_3x_1}(n)=\delta(n+1)+\delta(n)+2\delta(n-2)+\delta(n-3)$
$\phi_{x_3x_2}(n)=\delta(n+2)+\delta(n)-\delta(n-1)-\delta(n-3)$

ここで，$\phi_{x_1x_2}(n)=\phi_{x_2x_1}(-n)$，$\phi_{x_2x_3}(n)=\phi_{x_3x_2}(-n)$ であることがわかるであろう。

（3） $\phi_{xy}(n)=\phi_{xx}(n)*h(-n)$，$\phi_{yy}(n)=\phi_{xx}(n)*h(n)*h(-n)$

3章

【1】（1） $c_k = \dfrac{1}{2} \cdot \dfrac{1-jk\pi}{1+k^2\pi^2}(-1)^k\left(e-\dfrac{1}{e}\right)$

（2） sin 関数を複素指数関数で表してから求める。

（3） $c_k = \begin{cases} \dfrac{1}{k\pi}\left(\dfrac{1}{k\pi}+j\dfrac{1}{2}\right) & (k:\text{Odd}) \\ -j\dfrac{1}{2k\pi} & (k\neq 0:\text{Even}) \\ \dfrac{3}{4} & (k=0) \end{cases}$

演 習 問 題 解 答　　157

(4) $c_k = \begin{cases} \dfrac{jk}{\pi(4-k^2)} & (k : \text{Odd}) \\ 0 & (k : \text{Even}) \end{cases}$

【2】(1) 入力の基本周期：π，出力の基本周期：$\pi/2$

(2) $c_k = \dfrac{2}{\pi} \cdot \dfrac{(-1)^{k+1}}{4k^2-1}$

(3) 入力の直流成分の振幅＝0，出力の直流成分の振幅＝$2/\pi \cong 0.6366$

【3】(1) $g(t) = \sum_{k=-\infty}^{\infty} \lambda_k c_k \phi_k(t)$ (2) 線形，時変

(3) 固有値 $\lambda_k = k^2$ (4) $g(t) = 512t^{-8} + 4t + 5t^5$

【4】(1) $y(t) = \dfrac{4\sin 2\pi t - 2\pi \cos 2\pi t}{16 + 4\pi^2}$

(2) $y(t) = \dfrac{2\cos 2\pi t + \pi \sin 2\pi t}{2(4+\pi^2)} + \dfrac{\cos 8\pi t + 2\pi \sin 8\pi t}{4(1+4\pi^2)}$

(3) $y(t) = \dfrac{1}{4} + \sum_{k=1}^{\infty} \dfrac{2\cos 2\pi kt + \pi k \sin 2\pi kt}{4 + (\pi k)^2}$

【5】(1) 解答略 (2) $c_k = \begin{cases} -j\dfrac{1}{k\pi} - \dfrac{2}{(k\pi)^2} & (k : \text{Odd}) \\ 0 & (k : \text{Even}) \end{cases}$

【6】(1) $\alpha_k = F_k$, $\beta_k = -jG_k$ (2) $\alpha_k = \alpha_{-k}$, $\beta_k = -\beta_{-k}$

【7】(1) 解答略 (2) $\beta_k = \alpha^*_{-k}$

【8】(1) 直交しているが，正規直交ではない。 (2) 正規直交である。

【9】(1) $\dfrac{\omega_0}{(a^2 - \omega^2 + \omega_0^2) + j2a\omega}$ (2) $\dfrac{e^{3+j\omega} - e^{-(6+j2\omega)}}{3+j\omega}$

(3) $2\sin\omega\left\{\dfrac{1}{\omega} - j\dfrac{\pi}{\pi^2 - \omega^2}\right\}$

【10】$X(\omega)$ に対応する連続時間信号を $x(t)$ とする。

(1) $x(t) = e^{j2\pi t}\{u(t+4) - u(t-4)\}$

(2) $x(t) = (1/2\sqrt{2})\{(1-j)\delta(t+4) + (1+j)\delta(t-4)\}$

(3) $x(t) = 2(\cos 3\pi t + j2\sin 4t)$

【11】(1) $Y^*(\omega) = Y(\omega)$ となるので，$Y(\omega)$ は実数部だけからなる。

(2) $Y(\omega) = (1/j2)\{X(\omega) - X^*(-\omega)\}$ (3) 解答略 (4) $1/(9\pi)$

(3.6節のフーリエ変換の性質の5)と10)の結果を用いて求める)

(5) 解答略

【12】(1) $Y(\omega) = \sum_{k=-\infty}^{\infty} c_k X(\omega - k\omega_0)$

(2) (a) $Y(\omega) = \dfrac{1}{2}\{X(\omega+2) + X(\omega-2)\}$

(b) $Y(\omega)=\dfrac{1}{2}\{X(\omega+1)+X(\omega-1)\}$

(c) $Y(\omega)=\dfrac{1}{2}\{X(\omega+4)+X(\omega-4)\}$

(d) $Y(\omega)=\sum_{n=-\infty}^{\infty}\dfrac{2}{\pi}X(\omega-4n)$

4章

【1】(1) $|c_1|=|c_5|=1$,その他の振幅スペクトルは 0。$\angle C_1=\angle C_5=0$,その他の位相スペクトルは定義できない。

(2) $|c_0|=1/2$, $|c_1|=\sqrt{2}/4$, $|c_2|=0$, $|c_3|=\sqrt{2}/4$, $\angle c_0=0$,
$\angle c_1=-\pi/4$, $\angle c_2$ は定義できない,$\angle c_3=\pi/4$

(3) $|c_1|=1$, $|c_2|=1/2$, $|c_6|=1/2$, $|c_7|=1$,その他の振幅スペクトルは 0。$\angle c_1=0$, $\angle c_2=\pi/2$, $\angle c_6=-\pi/2$, $\angle c_7=0$,その他の位相スペクトルは定義できない。図は省略する。

【2】(1) $c_k e^{-jk(2\pi/N)n_0}$ (2) $c_k(1-e^{-j(4\pi/N)k})$

(3) c_k+c_{N-k}

【3】(1) $X(\Omega)=\dfrac{1}{1-ae^{-j\Omega}}$ (2) $X(\Omega)=\dfrac{1-a^2}{1-2a\cos\Omega+a^2}$

(3) $X(\Omega)=\dfrac{j2a\sin\Omega}{1-2a\cos\Omega+a^2}$

【4】右辺 $=\dfrac{1}{2\pi}\int_{2\pi}\left[\sum_{n=-\infty}^{\infty}x(n)e^{-j\Omega n}\right]X^*(\Omega)d\Omega$

$=\sum_{n=-\infty}^{\infty}x(n)\dfrac{1}{2\pi}\int_{2\pi}X^*(\Omega)e^{-j\Omega n}d\Omega=\sum_{n=-\infty}^{\infty}x(n)\cdot x^*(n)=$ 左辺

【5】(1) 解図 4.1 に示す。 (2) 解図 4.2 に示す。

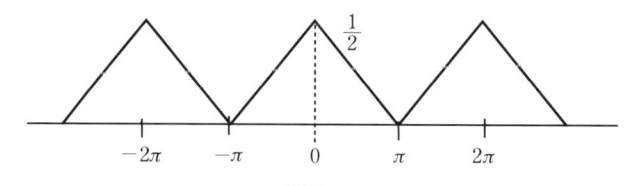

解図 4.1

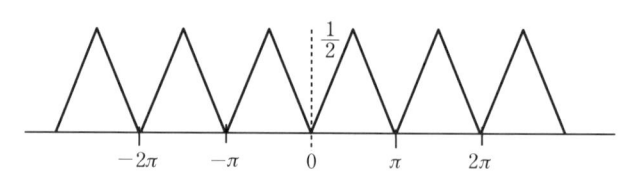

解図 4.2

解図 4.3

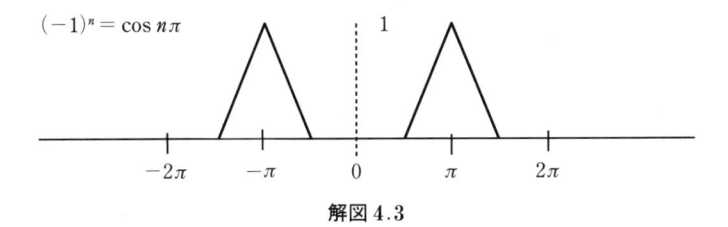

(3) 解図 4.3 に示す。

【6】 (1) $X(0)=1+1+0+2=4$
$X(1)=1-j+0+2j=1+j$
$X(2)=1-1+0-2=-2$
$X(3)=1+j+0-2j=1-j$

(2) 0, $j0.3018$, 0.125

【7】 いま,定義より $X_1(k)=\sum_{n=0}^{N-1}x_1(n)e^{-jk(2\pi/N)n}$, $X_2(k)=\sum_{n=0}^{N-1}x_2(n)e^{-jk(2\pi/N)n}$ と すると,$X_3(k)=X_1(k)X_2(k)$ とした $x_3(k)$ を考える。

$$x_3(m)=\frac{1}{N}\sum_{k=0}^{N-1}X_3(k)e^{jk(2\pi/N)m}=\frac{1}{N}\sum_{k=0}^{N-1}X_1(k)X_2(k)e^{jk(2\pi/N)m}$$
$$=\frac{1}{N}\sum_{k=0}^{N-1}\left[\sum_{n=0}^{N-1}x_1(n)e^{-jk(2\pi/N)n}\right]\left[\sum_{l=0}^{N-1}x_2(l)e^{-jk(2\pi/N)l}\right]e^{jk(2\pi/N)m}$$
$$=\frac{1}{N}\sum_{n=0}^{N-1}x_1(n)\sum_{l=0}^{N-1}x_2(l)\left[\sum_{k=0}^{N-1}e^{jk(2\pi/N)(m-n-l)}\right]$$

上式のカッコ内の総和

$$\sum a^k = \begin{cases} N & (a=1) \\ \frac{1-a^N}{1-a} & (a \neq 1) \end{cases}$$

において,$a=e^{j(2\pi/N)(m-n-l)}$

$m-n-l$ が N の倍数のとき $a=1$ となる。$a \neq 1$ であれば $a^N=1$ となる。

$$\sum_{k=0}^{N-1} a^k = \begin{cases} N & (l=m-n+pN=((m-n))_N,\ p\text{ は整数}) \\ 0 & (\text{その他}) \end{cases}$$

ここで $(\ )_N$ は N で割ったときのあまりを意味する。よって

$$x_3(m)=\sum_{n=0}^{N-1}x_1(m)x_2((m-n))_N \quad m=0,1,\cdots,N-1$$

と書けることから,DFT,IDFT を用いて巡回畳込みが計算できる。

【8】 $y(0)=1$, $y(1)=4$, $y(2)=9$, $y(3)=11$, $y(4)=8$, $y(5)=3$, $y(6)=0$, $y(7)=0$ (手順は省略する)

【9】 $A(\Omega) = \dfrac{b_0}{\sqrt{(1+a_1\cos\Omega+a_2\cos 2\Omega)^2+(a_1\sin\Omega+a_2\sin 2\Omega)^2}}$

$\theta(\Omega) = -\tan^{-1}\dfrac{a_1\sin\Omega+a_2\sin 2\Omega}{1+a_1\cos\Omega+a_2\cos 2\Omega}$

図は省略する。

【10】 （1） $y(n) = \dfrac{1}{4}x(n) + \dfrac{1}{4}x(n-3) + \dfrac{1}{4}x(n-6) + \dfrac{1}{4}x(n-9)$

（2） 振幅特性 $A(\Omega) = \dfrac{1}{4}\cdot\dfrac{\sin 6\Omega}{\sin(3/2)\Omega}$, 位相特性 $\theta(\Omega) = -\dfrac{9}{2}\Omega$

図は省略する。

5 章

【1】 （1） $e^{-at}u(t)\ a<0$

$$X(s) = \int_{-\infty}^{\infty} e^{-at}u(t)e^{-st}dt = \int_{0}^{\infty} e^{-(a+s)t}dt$$

$$= \left[-\dfrac{1}{s+a}e^{-(s+a)t}\right]_0^{\infty} = \dfrac{1}{s+a} \quad (\text{Re}\{s\} > -a)$$

収束領域は $a<0$ であるから，**解図 5.1** のようになる。

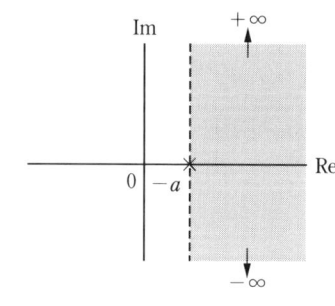

解図 5.1　　　　解図 5.2

（2） $-e^{at}u(-t)\ (a>0)$

$$X(s) = \int_{-\infty}^{\infty} -e^{-at}u(-t)e^{-st}dt = \int_{-\infty}^{\infty} e^{-(s-a)t}dt$$

$$= -\int_{0}^{\infty} e^{-(a-s)p}dp = \left[-\dfrac{1}{s-a}e^{-(s-a)t}\right]_0^{\infty} = \dfrac{1}{s-a}$$

$a-\sigma>0$ から，$\sigma = \text{Re}\{s\} < a$，$a>0$ から**解図 5.2** となる。

（3） $e^{at}u(t)\ (a>0)$

$$X(s) = \int_{-\infty}^{\infty} e^{at}u(t)e^{-st}dt = \int_{0}^{\infty} e^{-(s-a)t}dt$$

$$= \left[-\dfrac{1}{s-a}e^{-(s-a)t}\right]_0^{\infty} = \dfrac{1}{s-a}$$

$\sigma-a>0 \Rightarrow \sigma>a>0$

解図 5.3 となる。

(4)　$e^{-a|t|} a>0$

$$X(s)=\int_{-\infty}^{\infty}e^{-a|t|}e^{-st}dt=\int_{-\infty}^{0}e^{at}e^{-st}dt+\int_{0}^{\infty}e^{-at}e^{-st}dt$$

$$=\int_{-\infty}^{0}e^{-(s-a)t}dt+\int_{0}^{\infty}e^{-(s+a)t}dt$$

$$=\int_{\infty}^{0}-e^{(s-a)p}dp+\int_{0}^{\infty}e^{-(s+a)t}dt$$

$$=\left[-\frac{e^{-(a-s)p}}{a-s}\right]_{0}^{\infty}+\left[-\frac{e^{-(s+a)t}}{s+a}\right]_{0}^{\infty}$$

$$=\frac{1}{a-s}+\frac{1}{s+a}=\frac{-2a}{s^2-a^2}$$

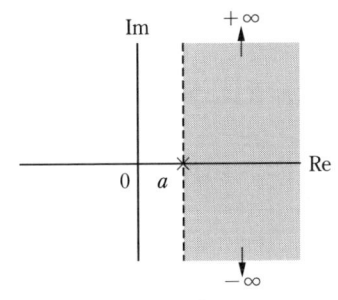

極は $s=\pm a$, 零点はなしであり，第1項から収束条件は $\mathrm{Re}\{s-a\}<0$，第2項から収束条件は $\mathrm{Re}\{s+a\}>0$，したがって $-a<\sigma<a$，**解図 5.4** となる。

(5)　$u(t)$ 収束領域は $\mathrm{Re}\{s\}=\sigma>0$　したがって，**解図 5.5** となる。

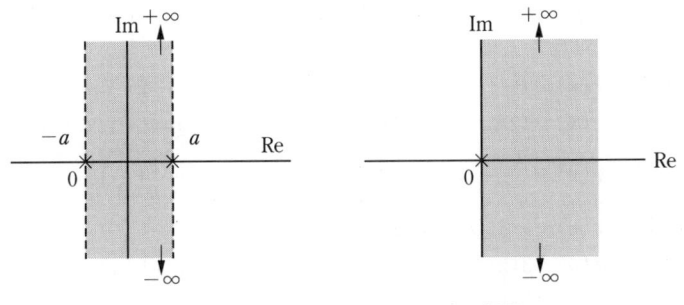

　　　　　　解図 5.4　　　　　　　　解図 5.5

【 2 】　(1)　$x(t)=e^{-t}u(t)$　　(2)　$x(t)=-e^{-t}u(-t)$
　　　(3)　$x(t)=\cos 2tu(t)$　　(4)　$x(t)=(2e^{-3t}-e^{-2t})u(t)$
　　　(5)　$x(t)=(e^{-2t}-2e^{-3t})u(-t)$

6章

【1】
(1) $X(z)=1$,零点,極はなし,フーリエ変換は存在,収束領域:全域

(2) $X(z)=(1/z)$,零点はなし,極は $z=0$,フーリエ変換は存在,収束領域:全域

(3) $X(z)=z/(z-1)$,零点:$z=0$,極:$z=1$,フーリエ変換は存在しない,収束領域:$|z|>1$,

(4) $X(z)=z/(z-1/2)$,零点:$z=0$,極:$z=1/2$,フーリエ変換は存在,収束領域:$|z|>1/2$

(5) $X(z)=z/(z-e^{-2})$,零点:$z=0$,極:$z=e^{-2}$,フーリエ変換は存在,収束領域:$|z|>1/e^2$

(6) $X(z)=1/(z-1/2)$,零点:なし,極:$z=1/2$,フーリエ変換は存在,収束領域:$|z|>1/2$

(7) $X(z)=(8/9)z/(1-1/3\,z)(z-1/3)$,零点:$z=0$,極:$z=3, 1/3$,フーリエ変換は存在する。収束領域:$1/3<|z|<3$

(8) $X(z)=\dfrac{1}{z^7}\cdot\dfrac{z^8-1}{z-1}$,零点:$z=\dfrac{1}{2}(1+j),\ j,\ \dfrac{1}{2}(-1+j),\ -1,\ \dfrac{1}{2}(-1-j),\ -j,\ \dfrac{1}{2}(1-j)$,極:$z=0$(7重根),フーリエ変換は存在する。収束領域:全域

(9) $X(z)=\dfrac{1}{z^3}\cdot\dfrac{z^4-(1/2)^4}{z-1/2}$,零点:$z=j\dfrac{1}{2},\ -\dfrac{1}{2},\ -j\dfrac{1}{2}$,極:$z=0$(3重根),フーリエ変換は存在する。収束領域:全域

(10) $X(z)=\dfrac{z(z-1)}{2(z-e^{j\pi/3/2})(z-e^{-j\pi/3/2})}$,零点:$z=0,\ z=1$,極:$z=(1+j\sqrt{3})/4,\ z=(1-j\sqrt{3})/4$,フーリエ変換は存在する。収束領域:$|z|>1/2$

【2】 (1) $x(n)=(-1/4)^n u(n)$　(2) $x(n)=-(-4)^{-|n|}u(-n-1)$
(3) $x(n)=(2/3)(-1/3)^n u(n)$　(4) $x(n)=(-1/3)^n u(n)$

【3】 (1) $x(n)=\dfrac{3^{-|n|}}{n}u(-n-1)$　(2) $x(n)=-\dfrac{1}{n}\left(\dfrac{1}{3}\right)^n u(n-1)$

【4】 (1) $x(n)=-2(1/3)^n u(n)+3(1/2)^n u(n)$
(2) $x(n)=3(n-1)(-1/2)^n u(n)+4(-1/3)^n u(n)$

【5】 $x(n)=-\left(\dfrac{1}{4}\right)^n u(n)+2\left(\dfrac{1}{2}\right)^n u(n)$

【6】 $x(n)=\dfrac{4}{3}\left(-\dfrac{1}{2}\right)^n u(n)+\dfrac{2}{3}\left(\dfrac{1}{4}\right)^n u(n)$

【7】 $y(n) = 10\left(\dfrac{1}{3}\right)^n u(n) - 15\left(\dfrac{1}{4}\right)^n u(n) + 6\left(\dfrac{1}{5}\right)^n u(n)$

【8】 $H(z) = \dfrac{z}{(z+3/4)(z+1/2)}$, 零点は $z=0$, 極点は $z=-\dfrac{3}{4}, -\dfrac{1}{2}$

$h(n) = -4(-3/4)^n u(n) + 4(-1/2)^n u(n)$, 周波数振幅特性 $|H(\Omega)|$ は

$$|H(\Omega)| = \dfrac{1}{\sqrt{\left(\cos 2\Omega + \dfrac{5}{4}\cos\Omega + \dfrac{3}{8}\right)^2 + \left(\sin 2\Omega + \dfrac{5}{4}\sin\Omega\right)^2}}$$

$$= \dfrac{1}{\sqrt{\dfrac{3}{2}\cos^2\Omega + \dfrac{55}{16}\cos\Omega + \dfrac{125}{64}}}$$

振幅値は $|H(0)| = 8/21$, $|H(\pi/2)| = 8/(5\sqrt{5})$, $|H(\pi)| = 8$

【9】 $h(n) = -\dfrac{2}{3}\left(\dfrac{1}{2}\right)^n u(n) - \dfrac{2}{3}(2)^{-|n|} u(-n-1)$

【10】 解表 6.1 に示す。

解表 6.1

	$f/f_s = 0$	$f/f_s = 1/4$	$f/f_s = 1/2$	フィルタの種類
$a < 0$	$\|1-\|a\|\|$	$\sqrt{1+a^2}$	$\|1+\|a\|\|$	高域通過フィルタ
$a = 0$	1	1	1	帯域通過フィルタ
$a > 0$	$1+a$	$\sqrt{1+a^2}$	$\|1-a\|$	低域通過フィルタ

7章

【1】 振幅特性は式 (7.14), 位相特性は式 (7.15)。

【2】 タイプ3

【3】 $h(0) = h(4) = 1/16$, $h(1) = h(3) = 1/4$, $h(2) = 3/8$

【4】 伝達関数

$$H(z) = \dfrac{1}{2}[A_1(z) - A_2(z)]$$

次数の条件：$N_1 = N_2$, $N_1 = N_2 \pm 2$

位相の条件：

$$\theta_1(\Omega) - \theta_2(\Omega) = \begin{cases} 0 & （第一阻止域）\\ \pm\pi & （通過域）\\ 0, \pm 2\pi & （第二阻止域） \end{cases}$$

通過域振幅誤差：$\delta_p = 1 - \cos\dfrac{\theta_p}{2}$

阻止域振幅誤差：$\delta_s = \sin\dfrac{\theta_s}{2}$

索　　引

【あ】
アドレス生成　　73

【い】
異名現象　　62
因果性　　13
インパルス応答　　10
インパルス信号　　6

【え】
エリアジング現象　　62

【お】
オーバーサンプリング手法　　117

【か】
可換則　　25
重ね合わせ　　19
加算器　　10
加法性　　12

【き】
記憶システム　　13
奇信号　　2
ギブスの現象　　44
基本角周波数　　5
逆システム　　14
逆転可能　　13
逆離散時間フーリエ変換　　68
逆離散フーリエ変換　　69

【く】
偶信号　　2

【け】
結合則　　25

ケフレンシー　　124
減算器　　11

【こ】
高域通過フィルタ　　127
高速フーリエ変換　　72,76
交番定理　　133
固有関数　　36
固有値　　36

【さ】
サンプリング　　114
サンプリング周期　　1,114
サンプリング定理　　63
サンプリングホールド　　115

【し】
時間間引きFFTアルゴリズム　　73
自己回帰モデル　　30
自己相関関数　　15,34
時不変　　13
収　束　　84
収束領域　　95
周波数スペクトル　　39
巡回形フィルタ　　30

【す】
ステップ応答　　10

【せ】
0次ホールド　　115
線形性　　12
線形定数差分方程式　　28
線スペクトル　　39

【そ】
双一次s-z変換　　137

相関関数　　14
相互相関関数　　14,35

【た】
帯域阻止フィルタ　　127
帯域通過フィルタ　　127
畳込み演算　　19
畳込み和　　19

【ち】
超越関数　　6
直交する　　41

【て】
低域通過フィルタ　　127
デルタ関数　　6,60
伝達関数　　10

【と】
等リプル設計法　　132

【は】
パーセバルの定理　　55,72
パルス振幅変調　　114

【ひ】
非巡回形フィルタ　　29
左側数列　　95
ビットリバース　　76
標本化定理　　63
比例性　　12

【ふ】
複素指数関数　　3
ブラックボックス　　9
フーリエ逆変換　　46
フーリエ級数　　39
フーリエ変換　　45

索引

【へ】
分配則　26
べき級数展開法　101
ベクトル表現　19

【ほ】
補間　64

【ま】
マルチバンドフィルタ　127

【み】
右側数列　94

【む】
無記憶システム　13
無限長インパルス応答フィルタ　30

【ゆ】
有解な値　84

有限長インパルス応答フィルタ　29
ユニットステップ信号　2,5

【り】
離散時間フーリエ変換　68
離散フーリエ変換　69
理想低域通過フィルタ　49
留数定理　100

【A】
A-D 変換　113
ARMA モデル　31

【B】
BPF　127
BSF　127

【C】
Cauthy の定理　100

【D】
D-A 変換　113
DFT　69
DTFT　68

【F】
FFT　72,76
FFT アルゴリズム　72
FIR フィルタ　29,126

【H】
HPF　127

【I】
IDFT　69
IDTFT　68
IIR フィルタ　29,31,126

【L】
LPF　127
LTI　14

【M】
MA モデル　29

【P】
PAM　114

【R】
Remez 交換アルゴリズム　133
——による等リプル設計法　139

【Z】
z 変換　93

―― 著 者 略 歴 ――

島田　正治（しまだ　しょうじ）
1970 年　早稲田大学大学院理工学研究科修士課程修了（回路工学専攻）
1970 年　日本電信電話公社
1988 年　工学博士（早稲田大学）
1994 年　長岡技術科学大学教授
2011 年　長岡技術科学大学名誉教授

伊藤　良生（いとう　よしお）
1981 年　大阪府立大学大学院工学研究科修士課程修了（電気工学専攻）
1981 年　沖電気工業（株）
1991 年　工学博士（大阪府立大学）
1994 年　鳥取大学助教授
2004 年　鳥取大学教授
　　　　　現在に至る

張　　熙（Zhang Xi）
1984 年　中国南京航空航天大学電子工程系卒業
1984 年　中国南京航空航天大学助手
1990 年　電気通信大学電気通信学研究科博士前期課程修了（電子情報学専攻）
1993 年　電気通信大学電気通信学研究科博士後期課程修了（電子情報学専攻），博士（工学）
1993 年　電気通信大学助手
1996 年　長岡技術科学大学助教授
2004 年　電気通信大学助教授
2007 年　電気通信大学准教授
2011 年　電気通信大学教授
　　　　　現在に至る

安川　博（やすかわ　ひろし）
1972 年　静岡大学大学院工学研究科修士課程修了（電気工学専攻）
1972 年　日本電信電話公社
1994 年　博士（工学）（静岡大学）
1998 年　愛知県立大学教授
　　　　　現在に至る

田口　亮（たぐち　あきら）
1984 年　慶應義塾大学工学部電気工学科卒業
1986 年　慶應義塾大学大学院工学研究科修士課程修了（電気工学専攻）
1989 年　慶應義塾大学大学院理工学研究科博士課程修了（電気工学専攻），工学博士
1989 年　武蔵工業大学助手
1992 年　武蔵工業大学専任講師
1996 年　武蔵工業大学助教授
2001 年　武蔵工業大学教授
2009 年　東京都市大学教授（校名変更）
　　　　　現在に至る

岩橋　政宏（いわはし　まさひろ）
1988 年　東京都立大学工学部電気工学科卒業
1990 年　東京都立大学大学院工学研究科修士課程修了（回路工学専攻）
1990 年　新日本製鐵（株）
1996 年　博士（工学）（東京都立大学）
1993 年　長岡技術科学大学助手
1998 年　長岡技術科学大学助教授
2007 年　長岡技術科学大学准教授
2012 年　長岡技術科学大学教授
　　　　　現在に至る

ディジタル信号処理の基礎
Foundations of Digital Signal Processing
© Shimada, Yasukawa, Itoh, Taguchi, Zhang, Iwahashi 2006

2006年6月16日 初版第1刷発行
2015年11月5日 初版第5刷発行

検印省略	著 者	島　田　正　治	
		安　川　　　博	
		伊　藤　良　生	
		田　口　　　亮	
		張　　　　　熙	
		岩　橋　政　宏	
	発行者	株式会社　コロナ社	
		代表者　牛来真也	
	印刷所	新日本印刷株式会社	

112-0011 東京都文京区千石 4-46-10

発行所　株式会社　コ ロ ナ 社
CORONA PUBLISHING CO., LTD.
Tokyo　Japan
振替 00140-8-14844・電話(03)3941-3131(代)
ホームページ http://www.coronasha.co.jp

ISBN 978-4-339-00783-1　（新宅）　（製本：愛千製本所）
Printed in Japan

本書のコピー，スキャン，デジタル化等の無断複製・転載は著作権法上での例外を除き禁じられております。購入者以外の第三者による本書の電子データ化及び電子書籍化は，いかなる場合も認めておりません。

落丁・乱丁本はお取替えいたします

電子情報通信レクチャーシリーズ

■電子情報通信学会編　　　　　　　　　　（各巻B5判）
白ヌキ数字は配本順を表します。

	番号	書名	著者	頁	本体
㉚	A-1	電子情報通信と産業	西村吉雄著	272	4700円
⑭	A-2	電子情報通信技術史 ―おもに日本を中心としたマイルストーン―	「技術と歴史」研究会編	276	4700円
㉖	A-3	情報社会・セキュリティ・倫理	辻井重男著	172	3000円
⑥	A-5	情報リテラシーとプレゼンテーション	青木由直著	216	3400円
㉙	A-6	コンピュータの基礎	村岡洋一著	160	2800円
⑲	A-7	情報通信ネットワーク	水澤純一著	192	3000円
㉝	B-5	論理回路	安浦寛人著	140	2400円
⑨	B-6	オートマトン・言語と計算理論	岩間一雄著	186	3000円
❶	B-10	電磁気学	後藤尚久著	186	2900円
⑳	B-11	基礎電子物性工学 ―量子力学の基本と応用―	阿部正紀著	154	2700円
❹	B-12	波動解析基礎	小柴正則著	162	2600円
❷	B-13	電磁気計測	岩﨑俊著	182	2900円
⑬	C-1	情報・符号・暗号の理論	今井秀樹著	220	3500円
㉕	C-3	電子回路	関根慶太郎著	190	3300円
㉑	C-4	数理計画法	山下・福島共著	192	3000円
⑰	C-6	インターネット工学	後藤・外山共著	162	2800円
❸	C-7	画像・メディア工学	吹抜敬彦著	182	2900円
㉜	C-8	音声・言語処理	広瀬啓吉著	140	2400円
⑪	C-9	コンピュータアーキテクチャ	坂井修一著	158	2700円
㉛	C-13	集積回路設計	浅田邦博著	208	3600円
㉗	C-14	電子デバイス	和保孝夫著	198	3200円
❽	C-15	光・電磁波工学	鹿子嶋憲一著	200	3300円
㉘	C-16	電子物性工学	奥村次徳著	160	2800円
㉒	D-3	非線形理論	香田徹著	208	3600円
㉓	D-5	モバイルコミュニケーション	中川・大槻共著	176	3000円
⑫	D-8	現代暗号の基礎数理	黒澤・尾形共著	198	3100円
⑱	D-11	結像光学の基礎	本田捷夫著	174	3000円
❺	D-14	並列分散処理	谷口秀夫著	148	2300円
⑯	D-17	VLSI工学―基礎・設計編―	岩田穆著	182	3100円
⑩	D-18	超高速エレクトロニクス	中村・三島共著	158	2600円
㉔	D-23	バイオ情報学 ―パーソナルゲノム解析から生体シミュレーションまで―	小長谷明彦著	172	3000円
❼	D-24	脳工学	武田常広著	240	3800円
⑮	D-27	VLSI工学―製造プロセス編―	角南英夫著	204	3300円

以下続刊

共通
A-4	メディアと人間	原島・北川共著
A-8	マイクロエレクトロニクス	亀山充隆著
A-9	電子物性とデバイス	益・天川共著

基礎
B-1	電気電子基礎数学	大石進一著
B-2	基礎電気回路	篠田庄司著
B-3	信号とシステム	荒川薫著
B-7	コンピュータプログラミング	富樫敦著
B-8	データ構造とアルゴリズム	岩沼宏治著
B-9	ネットワーク工学	仙石・田村・中野共著

基盤
C-2	ディジタル信号処理	西原明法著
C-5	通信システム工学	三木哲也著
C-11	ソフトウェア基礎	外山芳人著

展開
D-1	量子情報工学	山崎浩一著
D-4	ソフトコンピューティング	
D-7	データ圧縮	谷本正幸著
D-13	自然言語処理	松本裕治著
D-15	電波システム工学	唐沢・藤井共著
D-16	電磁環境工学	徳田正満著
D-19	量子効果エレクトロニクス	荒川泰彦著
D-22	ゲノム情報処理	高木・小池編著
D-25	生体・福祉工学	伊福部達著

定価は本体価格+税です。
定価は変更されることがありますのでご了承下さい。

図書目録進呈◆